Meditation:

Meditation für Anfänger – Die besten Meditationstechniken, mit denen Du Deine innere Mitte findest

1. Auflage 2018

Inhaltsverzeichnis:

Einleitung: Tauche ein in eine neue Welt

Fühlst Du Dich regelmäßig gehetzt und würdest gerne wissen, wie Du den Stress in Deinem Leben immens reduzierst? Möchtest Du Deine Kreativität und Konzentrationsfähigkeit deutlich steigern und Dich aus dem Bann negativer Emotionen befreien? Willst Du im Handumdrehen lernen, wie Du richtig meditieren kannst? Willst Du simple und dennoch effektive Methoden an die Hand bekommen, mit denen Du in kürzester Zeit so gelassen wie ein Zen-Mönch wirst?

Dann kann ich Dich an dieser Stelle bereits beglückwünschen. Denn mit dem Kauf dieses Buchs hast Du alles richtig gemacht und bereits einen großen Schritt getan auf dem Weg zu mehr Gelassenheit und Glück im Leben. In diesem kurzen Ratgeber wirst Du alles Relevante erlernen, was Du benötigst, um innerhalb kürzester Zeit die bestmöglichen Resultate im Meditieren zu erzielen. Statt unnötigen Ausschweifungen präsentiere ich Dir eine geballte Ladung effektiver Tipps und Tricks, die Du 1 zu 1 anwenden und in Dein tägliches Leben integrieren kannst.

Du lernst unter anderem:

-Was Meditation genau ist (und was sie nicht ist), welche immensen Vorzüge sie auf Dein Leben hat und wie Du Dich stets motivieren kannst, um dauerhaft dranzubleiben

-die effektivste Grundlagentechnik, mit der Du in wenigen Augenblicken richtig meditieren lernst und in nur 10 Minuten täglich von jeglichen Vorzügen (reduzierter Stress, Gelassenheit, mehr Glück etc.) Gebrauch machen kannst

-die 5 größten Fehler, die Dich Deinen Erfolg kosten können und die Du beim Meditieren unbedingt umgehen solltest

-7 einfach anzuwendende Meditationsübungen für den Alltag, mit denen Du jede Situation gelassen und voller Elan meisterst

-wie Du mit mehr Achtsamkeit im Alltag jeden Tag erinnerungs- und denkwürdig gestaltest

Wieso ich der Richtige bin, um Dir all dies beizubringen? Nun, vor einiger Zeit war ich noch genau an dem Punkt, an dem Du gerade stehst. Ich hatte einen sehr stressigen Alltag und fühlte mich ständig von einem Termin zum anderen gehetzt. Über Meditation wusste ich zu diesem Zeitpunkt kaum etwas und hatte es lediglich einige Male erfolglos probiert.

Aufgrund der Vorteile, wie beispielsweise der stressbefreienden Wirkung, entschied ich mich jedoch dazu, Meditation so herunterzubrechen, dass sie einfach verständlich und vor allem erfolgsversprechend ist. Auf diesem Wege habe ich Unmengen Seminare besucht, hunderte

Bücher gelesen und mehrere Wochen in Meditationszentren verbracht.

Das Gelbe vom Ei, so zu sagen die Quintessenz meiner Erfahrungen, habe ich Dir in diesem Buch verständlich und leicht umsetzbar zusammengestellt.

Obwohl Meditation eine spirituelle, fernöstliche Kunst ist, die häufig für Verwirrung sorgt, habe ich sie Dir so „weltlich" heruntergebrochen, dass Du sie ohne jegliche Vorkenntnis ganz einfach verstehen wirst. An den entscheidenden Stellen habe ich Dir die spirituellen Mechaniken hinter den jeweiligen Übungen zum besseren Verständnis aufgelistet.

Ich empfehle Dir dringend, alle im Buch vorkommenden Tipps und Tricks zumindest einmal auszuprobieren. Höchstwahrscheinlich werden Dir einige Übungen sehr zusagen, während Dich andere nicht interessieren werden. Dies kannst Du selbstverständlich jedoch nur dann herausfinden, wenn Du sie alle einmal austestest. Doch nun genug der langen Worte. Lass uns ohne Umschweife direkt durchstarten mit dem ersten Kapitel. Ich wünsche Dir viel Spaß beim Lesen, eine spannende Zeit und viele lehrreiche Augenblicke, Dein Karsten Finder

Kapitel 1: Wie Du mithilfe von Meditation Deine Lebensqualität um bis zu 300 Prozent erhöhst

Höchstwahrscheinlich hast Du bereits eine grobe Vorstellung davon, was Meditation ist. Anderenfalls hättest Du Dir wohl kaum diesen Ratgeber zugelegt, oder? Vielleicht hast Du sogar schon Deine ersten Erfahrungen mit Meditation gemacht, einen der zahlreichen Ratgeber gelesen oder eine Meditationsapp ausprobiert und möchtest Dein Wissen nun vertiefen? Bestimmt weißt Du bereits, dass Meditation eine Methode ist, die in vielen verschiedenen Kulturen und Religionen fest verankert ist, allen voran im Buddhismus. Und sicher hast Du auch schon einmal im TV oder Internet einen Menschen gesehen, der gerade meditiert. Jemanden, der in orangener Kutte im Schneidersitz auf dem Boden sitzt, die Augen fest geschlossen, seine Arme auf den Knien ruhend, Zeigefinger und Daumen sich berührend und dauerhaft „Ommm“ vor sich hinsummt. Dies ist das herkömmliche Bild, welches uns jahrzehntelang von Film und Fernsehen vermittelt wurde. Selbstverständlich ging diese Vorstellung auch immer mit einem esoterischen Hauch einher. Jedoch ließ sich in den letzten Jahren feststellen, dass sich dieses klassische Bild deutlich geändert hat. Denn durch Globalisierung und eine größere Offenheit unserer Gesellschaft für andere Kulturen und Bräuche, hat sich das Denken der Menschen drastisch verändert.

Durch die Revolution von Yoga, Pilates und Co. kam gleichzeitig auch ein ganz neues Verständnis und Interesse für Meditation auf. Heutzutage gibt es Kurse, Seminare und hunderte von Ratgebern, die sich nur auf Meditation spezialisiert haben. Plötzlich sprechen Blogs im Internet, Arbeitskollegen, Bekannte und Freunde von dieser „neuen Methode“, die sie erst kürzlich für sich entdeckt haben und die ihnen „so viel gibt“. Fragt man diese Leute, was Meditation eigentlich genau ist, hört man die verschiedensten Antworten: „Das ist so eine Art Mantra, das ich mir immer wieder vorsage und dabei in mich kehre!“ „Ich setze mich dann dabei genau mit meinen Gedanken auseinander...“, „Ich meditiere immer, indem ich mich hinsetze und mich nur auf meine Atmung konzentriere...“ All diese Antworten ergeben natürlich ein grobes Bild und sind per se auch nicht falsch, doch hinterlassen sie uns immer noch mit einer Frage: Was genau ist Meditation denn nun eigentlich? Und wofür ist sie gut? Um Meditation wirklich verstehen und gekonnt für sich nutzen zu können, müssen wir zunächst einen Blick auf den zeitlichen Ablauf unseres Lebens werfen. Das klingt jetzt vielleicht zunächst etwas merkwürdig und komisch für Dich, wird aber schon gleich einen Sinn ergeben! (Dies wird Dir übrigens in den meisten anderen Ratgebern verschwiegen, ist jedoch immens wichtig, damit Du mit den Übungen in diesem Buch auch wirklich Erfolg hast)

Beginnen wir zunächst mit der Vergangenheit. Was ist die Vergangenheit eigentlich? Wie der Begriff bereits sagt, ist sie „vergangen“. Das heißt, sie war einmal ein Teil unseres Lebens, ist es aber jetzt nicht mehr. Da Zeitreisen noch nicht erfunden sind, bleibt sie dementsprechend auch immer unveränderlich. Alles, was von ihr übrig ist, sind die Erinnerungen an diese Zeit und Prägungen, die wir durch sie erfahren haben. Doch nicht nur das, was vor einem Jahr, 10 Jahren oder zum Zeitpunkt Deiner Geburt geschehen ist, ist ein Teil der Vergangenheit. Auch die Ereignisse von vor einigen Sekunden sind nicht mehr real. Sie sind ebenso vergangen und unwiederbringlich weg, wie die Ereignisse von vor einigen Jahren. Dementsprechend existieren sie nur noch in Deiner Erinnerung.

Und wie steht es um die Zukunft? Nun, die Zukunft ist selbstverständlich **noch nicht** real. Da Hellsehen keine wissenschaftlich bewiesene Praktik ist, können wir dementsprechend nicht genau vorhersagen, was in ein paar Monaten,

Wochen, Tagen oder sogar Sekunden geschieht. Zwar haben wir davon eine grobe Vorstellung - exakt vorhersagen können wir es jedoch nicht. Sieh Dich einfach mal im Raum um und wirf einen Blick auf ein Objekt, welches in greifbarer Nähe für Dich steht. Bist Du soweit? Gut! Jetzt habe ich eine Frage an Dich: Kannst Du sicher sein, dass Du diesen Gegenstand erfolgreich ergreifen wirst? Nein! Denn es kann tatsächlich immer passieren, dass unerwartete Ereignisse dazwischentreten. Beispielsweise könntest Du einen Krampf in der Hand bekommen oder (natürlich wesentlich unwahrscheinlicher) eine Bombe in Deinem Haus einschlagen.

Dementsprechend können wir nie genau wissen, was in der Zukunft geschieht! All das, von dem wir Glauben, dass es eintritt, ist also lediglich ein Konstrukt. Und dieses Konstrukt nimmt in unserem Kopf verschiedene Formen an, je nachdem, was wir in der Vergangenheit so alles erlebt haben. Das heißt, dass Du Dir niemals darüber sicher sein kannst, ob das, was Du Dir vorstellst und schon so lange gewünscht hast, tatsächlich eintritt. Doch wann geschieht dann eigentlich das, was wir Leben nennen? Vielleicht wirst Du es bereits erahnen können: Genau JETZT! Und zwar in der Gegenwart. Denn „Jetzt“ ist der einzige Zeitpunkt, der tatsächlich real ist. Dementsprechend besteht unser Leben auch nicht aus Vergangenheit oder Zukunft, sondern aus abermilliarden aneinander gereihter Momente, die der Gegenwart entsprechen. Die Vergangenheit entsprach zu einem früheren Zeitpunkt einmal der Gegenwart und die Zukunft wird es bald höchstwahrscheinlich auch tun. Und dennoch leben die meisten Menschen Tag ein, Tag aus in der Vergangenheit und der Zukunft. Besonders bei älteren Menschen lässt sich dies häufig feststellen, wenn sie gerade einmal wieder in Erinnerung an die „gute alte Zeit“ schwelgen und in der Vergangenheit leben. Dabei lassen sie ihr derzeitiges Leben meist vollkommen außer Acht und verlieren sich in Nostalgie.

Genauso leben die meisten Menschen auch gefühlt schon in der Zukunft. Oder warum gibt es sonst schon so viele Experten, die beispielsweise punktgenau die zukünftige wirtschaftliche Situation „voraussagen können“, aber im Endeffekt genauso effektiv sind wie eine Horde Affen, die wahllos Karten aus einem Memoriedeck ziehen? (Hierbei handelt es sich übrigens nicht um eine von mir ausgedachte Geschichte, sondern um in mehreren wissenschaftlichen Studien und Forschungen bewiesene Erkenntnisse!) „Noch drei Jahre arbeiten, dann bin ich endlich in Rente!“ „Wenn ich noch XY an Euro spare, kann ich mir endlich dies und jenes leisten!“ „Nur noch den Tag rumbekommen, dann kann ich heute Abend endlich auf dem Sofa entspannen!“

Hast Du Dich in einem dieser Gedanken oder Aussagen wiedererkannt? Dies wäre zumindest nicht ungewöhnlich. Keine Frage: Ich möchte Dir definitiv nicht ausreden, hin und wieder in Gedanken in der Vergangenheit zu schwelgen oder schon einmal Pläne für die Zukunft gestalten. All dies ist schön und manchmal sogar sinnvoll. Es spiegelt nur nicht Dein tatsächliches Leben wieder! Dieses findet nämlich tatsächlich nur in der Gegenwart statt. Alles, was Du erlebst, geschieht JETZT. Ganz egal, ob Du gerade ein Gespräch mit guten Freunden führst, Sport treibst, in den Urlaub reist oder einfach nur entspannst und faulenzt. Genauso verhält es sich auch mit der Zukunft, denn diese tritt immer als Gegenwart ein! Zeit, wie wir sie kennen, ist dementsprechend nur ein Konstrukt! So weit, so gut. Problematisch wird es erst jetzt: Einen Großteil unseres Lebens verbringen wir nämlich nicht bewusst und präsent im gegenwärtigen Moment. Stattdessen sind wir abgelenkt, gucken auf unser Handy oder schweifen in Gedanken ab. Sobald Du denkst, befindest Du Dich mit Deiner Aufmerksamkeit nicht im gegenwärtigen Moment. Stattdessen spielen sich Gedanken stets in der Vergangenheit oder Zukunft ab: Egal ob Ängste, Hoffnungen, Trauer, Sorgen oder das Erinnern an bereits erlerntes Wissen. Bestimmt wirst auch Du schon einmal die Erfahrung gemacht haben, so sehr in Gedanken versunken zu sein, dass Du alles um Dich herum ausblendest, oder? Wenn Du ständig denkst, wirst Du dementsprechend niemals in der Gegenwart leben können und dementsprechend auch nie tatsächlich leben. Denn wie Du bereits weißt, findet dieses nur in der Gegenwart statt. Doch warum erzähle ich Dir all das? Und was hat es überhaupt mit Meditation zu tun? Meditation ist eine Methode der vollkommenen Achtsamkeit und Konzentration. Das heißt, dass Du Dich bewusst auf eine bestimmte Sache (beispielsweise Atmen, ein bestimmtes Mantra oder das Nicht-Denken) konzentrierst. Dementsprechend hilft Dir Meditation, Dich auf den gegenwärtigen Moment zu fokussieren. (Neben vielen weiteren Vorzügen, die ich Dir im Folgenden noch ausführlich erläutern werde).

Um zu meditieren, musst Du Dich jedoch nicht zwangsläufig im Schneidersitz hinsetzen und „Om-Geräusche“ machen. (Om steht übrigens für eine bei Hindus und Buddhisten heilige Silbe, weshalb sie häufig mit Meditation assoziiert wird.) Auch bei einem Spaziergang im Wald, bei dem Du Dich ganz auf das Rauschen der Blätter und das Singen der Vögel konzentrierst, oder einer Situation, in der Du eine körperliche Höchstleistung erbringen musst, „meditierst" Du. Aus diesem Grund bin ich mir auch ganz sicher, dass Du bereits einmal in Deinem Leben meditiert hast. Solche Situationen wirst Du vor allem daran erkennen können, dass keine Gedanken auftauchen und die Zeit für Dich wie im Flug vergeht. Vielleicht wird dies für Dich etwas merkwürdig klingen und Du behauptest, dass man „nicht nicht denken" kann. Doch besonders dann, wenn Du unter besonderer Anspannung stehst, weil Du beispielsweise einen wichtigen Vortrag halten musst, an einem steilen Abhang kletterst oder auch nur ein spannendes Buch liest, bist Du gerade präsent und meditierst. Bestimmt wirst Du mir jedoch zustimmen, wenn ich Dir sage, dass diese Situationen nicht allzu häufig vorkommen, richtig? Die meiste Zeit bist

Du gefangen in Deinen Gedanken und lebst von Tag zu Tag, nur um am Ende eines jeden Jahres aufzuschrecken und Dich zu fragen, wie schon wieder ein weiteres Jahr so schnell vergehen konnte, richtig? Aber keine Sorge: Denn mit den zahlreichen Übungen, die Du in den kommenden Kapiteln erlernen wirst, wird es Dir schon bald möglich sein, den Fokus wann immer Du möchtest auf den gegenwärtigen Augenblick zu richten. Doch wozu eigentlich? Natürlich weißt Du jetzt bereits, dass Du nur durch Meditation den Fokus auf die Gegenwart richten und nicht denken kannst. Doch was soll Dir das genau bringen? Dies werde ich Dir im folgenden Teil verdeutlichen. Ich werde Dir die verschiedensten Vorzüge der Meditation aufzeigen, bei denen unter Garantie auch etwas für Dich dabei ist. Beim Erlernen der Meditation geht es nämlich nicht um etwas, was Du halbherzig für ein bis zwei Wochen ausübst, sondern um eine regelmäßig ausgeübte Gewohnheit, die Du im besten Fall Dein Leben lang praktizierst. Und dies wird Dir unter keinen Umständen möglich sein, wenn Du nicht die für Dich richtige Motivation findest. Lass uns deshalb also zunächst Deine ganz persönliche Motivatoren finden, indem ich Dir jetzt die vielen Vorzüge von regelmäßigem Meditieren aufzeige:

1. Dich bringt nichts mehr aus der Ruhe

Hierzu möchte ich Dir zunächst einen Vorteil der Meditation vorstellen, der für mich in einer sehr bewegten Phase meines Lebens ein echter Lebensretter war: Wenn Du regelmäßig meditierst, wirst Du Dich deutlich weniger gestresst fühlen. In Situationen, in denen andere Menschen sich die Haare vom Kopf raufen, wirst Du seelenruhig und entspannt Deine Fassung bewahren. Wieso? Hierzu musst Du zunächst einmal verstehen, was Stress überhaupt ist und wie dieser entsteht. Stress ist eine körperliche und psychische Reaktion, die durch äußere Reize (auch „Stressoren“ genannt) herbeigeführt wird. Doch was sind Stressoren eigentlich? Dies lässt sich leicht herunter brechen: Abweichungen! „Hä? Was?“ Keine Sorge, Du wirst mich sofort verstehen. Jeder Mensch hat nämlich bestimmte Vorstellungen von dem, wie etwas in naher Zukunft ablaufen. Sagen wir, Du planst Deinen Tag genau durch. Um acht Uhr fährst Du zur Arbeit, um 17 Uhr ist Kaffee mit Melanie angesetzt und um 20 Uhr geht es mit Deinem Partner ins Theater. So weit, so gut. Doch plötzlich platzt Dein Chef hinein und legt Dir einen dicken Aktenordner auf den Tisch, der unbedingt noch heute abgearbeitet werden muss. Du merkst, wie Dir der kalte Schweiß über die Stirn fließt und ein unangenehmes Gefühl in Deiner Magengegend auftritt. Denn Du weißt, dass Deinen Plan einhalten zu können schwer bis unmöglich durch diesen riesigen Aktenberg wird. Die Realität weicht dementsprechend von Deinen Vorstellungen ab.

Dieses Muster zieht sich durch jegliche Faktoren, die uns stressen. Wenn etwas in negativer Weise von Deinem Plan für die Zukunft abweicht, stresst es Dich unmittelbar. Doch an dieser Stelle kommt natürlich die Meditation ins Spiel! Denn wie Du bereits weißt, richtest Du durch das Meditieren Deinen Blick auf den gegenwärtigen Augenblick. Statt dementsprechend von etwas gestresst zu werden, kannst Du Dich durch das regelmäßige Einüben der Meditation auf die Ausführung im gegenwärtigen Moment konzentrieren.

Bei genauem Nachdenken wird Dir nämlich sicher bewusst werden, dass Dich immer nur die Vorstellung gestresst hat. Während der darauffolgenden Ausführung warst Du hoch fokussiert, aber trotzdem nicht gestresst! Es sind dementsprechend stets Deine Gedanken, die Dich stressen und nicht die konkrete Situation. Denn sobald es ans Eingemachte geht und Du durchziehen musst, handelt es sich lediglich um eine Aufgabe, die Du bewältigen musst. Dies wirst Du durch regelmäßige Meditation bereits nach kurzer Zeit erreichen können, indem Du den Fokus auf die Realität, den gegenwärtigen

Moment richtest und die Zukunft einfach Zukunft sein lässt. Wenn Du also bereits nach kurzer Zeit jeglichen Stress an Dir wie an einer Teflonpfanne abprallen lassen willst, solltest Du gemeinsam mit mir den Einstieg in die Meditation wagen!

2. Negative Emotionen sind ab heute Schnee von gestern

Fühlst Du Dich häufig in einem Strudel negativer Emotionen gefangen? Kein Problem! Denn dann hast Du mit dem Kauf dieses Buches goldrichtig gehandelt. Regelmäßige Meditation wird dazu beitragen, negative Emotionen aus Deinem Leben auszuradieren. Und das ist definitiv nicht übertrieben! Wie ich bereits geschildert habe, sind negative Emotionen in den allermeisten Fällen ein Produkt negativer Denkmuster. Diese Gedanken sind jedoch immer ein Anzeichen dafür, dass Du gerade in Zukunft oder Vergangenheit lebst, denn sie drehen sich stets um diese beiden. „Warum hat mich mein Ex verlassen?“ „Wieso habe ich heute noch so viel zu tun?“ „Warum hat mich Maike gestern einfach ignoriert?“ Während dieser Gedanken nimmst Du den gegenwärtigen Augenblick nicht wahr. Durch regelmäßige Meditation lernst Du jedoch, Deine Augen für die Gegenwart auch im Alltag offen zu halten. Sobald Du also merkst, dass sich negative Gedanken in Deinem Kopf ausbreiten, kannst Du diese wie per Fingerschnipsen ausschalten und Dich stattdessen auf die positiven Dinge konzentrieren, die Dich derzeit umgeben. Die meisten negativen Emotionen, die beispielsweise Selbstzweifel, Sorgen oder gar Angst auslösen, sind somit für Dich Schnee von gestern. Besonders dann, wenn Du Dich eher als ängstlichen Menschen bezeichnen würdest, ist dieser Vorzug wie für Dich gemacht!

3. Du entwickelst einen laserscharfen Fokus

Fühlst Du Dich häufig unkonzentriert und ertappst Dich dabei, wie Du in Gedanken abschweifst? Kein Problem! Ich selbst hatte mit diesem Problem nämlich auch über die Dauer meines gesamten Studiums zu tun. Sobald ich mich hinsetzte und lernen sollte, fing mein Fokus bereits nach wenigen Minuten an, abzudriften. Ich dachte dann über alles Mögliche nach, anstatt mich auf das notwendige zu konzentrieren. Bis mich ein guter Freund in die Meditation einführte. Und ich kann Dir sagen, dass ich bereits nach wenigen Tagen erstaunliche Ergebnisse feststellen konnte!

Ich möchte an dieser Stelle ehrlich zu Dir sein: Wenn Du nicht regelmäßig geübt hast, Dich auf eine einzige Sache zu konzentrieren, wird Dir dies in der heutigen Zeit höchstwahrscheinlich nicht leicht fallen. Der Grund? Überall warten Ablenkungen auf uns, die unseren Fokus zunichte machen! Blicke Dich einfach nur einmal um, wenn Du über die Straße gehst. Von allen Seiten werden wir mit Werbung geradezu bombardiert und an jeder Ecke warten neue Ablenkungen auf uns. Doch ehrlich gesagt, schlummert das größte Problem zurzeit in Deiner Hosentasche. Du hast ganz richtig geraten: Dein Smartphone! Durch die Möglichkeit, mit einem Tastendruck das gesamte Internet und unendliche Varianten an Spielen und Apps zu erreichen, haben wir die Fähigkeit verlernt, uns gezielt zu langweilen und unsere Umgebung bewusst wahrzunehmen. Einige Apps sind sogar bewusst für diesen Zweck programmiert worden! Dies fällt mir immer dann besonders auf, wenn ich mir die Jugend von heute ansehe. Sobald sie gerade nichts zu tun haben (und selbst, wenn sie etwas zu tun haben), zücken sie ihr Smartphone und schreiben mit ihren Freunden.

Statt also auf der Zugfahrt einmal aus dem Fenster zu gucken, oder sich mit einem Freund aufmerksam über ein spannendes Thema zu unterhalten, warten sie in ständiger Bereitschaft auf die nächste Nachricht und sind total unkonzentriert. Um jedoch im Leben die Ziele zu erreichen, die wir uns vorgenommen haben, ist ein laserscharfer Fokus unbedingt notwendig. Ganz egal ob im Beruf, Studium, beim Lesen eines guten Buchs oder beim Ausüben unserer Hobbys, wie beispielsweise Sport oder Malen – sobald Du Dich fokussierst, wirst Du automatisch über Dich selbst hinauswachsen und eine Leistung erbringen, die ihresgleichen sucht. Und genau hierbei hilft Dir die Meditation: Beim Meditieren übst Du nämlich diesen Fokus ein, indem Du Dich auf eine bestimmte Sache fokussierst. Beispielsweise Deinen Atem, ein bestimmtes Objekt in Deiner Umgebung, eine Emotion oder einfach nur darauf, nicht zu denken. Das Tolle? Bereits nach einer Woche Training der Meditationsübungen, welche ich Dir in den folgenden Kapiteln anschaulich aufzeigen werde, wirst Du einen deutlichen Unterschied spüren und Dich besser auf die Dinge konzentrieren können, die getan werden müssen.

4. Du wirst einen regelrechten Kreativitätsboost erfahren

Dieser Vorzug schließt unmittelbar an den letzten Vorteil an: Mit regelmäßiger Meditation nimmt Deine Kreativität immens zu. Wieso? Kreativität entsteht in Phasen der Abwesenheit von Gedanken. Phasen also, in denen Du nicht denkst, sondern stattdessen einfach tust. Auf neudeutsch wird dies auch „Flow" genannt. Sicherlich hast auch Du schon einmal dieses Gefühl erlebt, beispielsweise als Du ein gutes Buch gelesen hast, eine wichtige Arbeit schreiben musstest oder Dich künstlerisch betätigt hast. Anfangs hast Du Dich vielleicht noch schwer damit getan, so richtig in Fahrt zu kommen und die Minuten sind Dir wie Stunden vorgekommen. Doch plötzlich trat dieses merkwürdige, wohlige Gefühl ein: Deine innere Abneigung gegenüber der jeweiligen Aufgabe (besonders bei Arbeiten) war verschwunden und Du hast einfach gemacht.

Interessanterweise sind dies für gewöhnlich auch die Phasen, in denen wir den Großteil unserer Resultate erzielen. Hast Du schon einmal von Paretos Prinzip gehört? Dieses besagt, dass 80 Prozent der Ergebnisse immer aus 20 Prozent der Arbeit resultieren (und umgekehrt). Durch Meditation hast Du die Möglichkeit, auf dieses Potential zuzugreifen und deutlich kreativer im Flow zu arbeiten. Das Resultat? Deine Ergebnisse werden um ein vielfaches besser und Du fühlst Dich nach der Arbeit längst nicht mehr so erschöpft. Besonders, wenn Du Dich gerne künstlerisch betätigst oder Sachen produzieren musst (egal, ob Gegenstände, Texte oder weiteres) ist dieser Vorteil ideal für Dich!

5. Du wirst Dein Leben wieder wertschätzen

Hast Du in letzter Zeit häufiger das Gefühl, Dein Leben hätte Dir nichts mehr Neues zu bieten? Erlebst Du gefühlt jeden Tag immer nur das Gleiche wie im Film „Und täglich grüßt das Murmeltier“? Meditation ist ein wahrer

Augenöffner! Denn wie bereits gesagt, wirst Du in der Lage sein, negative Gedanken und Emotionen auszublenden. Doch noch viel mehr als das: Durch gezieltes Training Deiner Achtsamkeit wirst Du die schönen Dinge um Dich herum wieder lernen wahrzunehmen.

Statt Dich also nur noch über „große“ Dinge zu freuen, wie beispielsweise eine Gehaltserhöhung, zusätzliche Urlaubstage, ein großes Fest oder ein schönes Geschenk, wirst Du Dich an den kleinen Dingen im Leben erfreuen können. Der Vorteil? Du musst nun nicht mehr Dein persönliches Glücksgefühl von Dingen abhängig machen, die nur selten in Dein Leben treten. Stattdessen wirst jeden Tag glücklich, indem Du die schönen Seiten Deiner Umgebung wahrnimmst und ein tiefes Gefühl von Dankbarkeit entwickelst.

So werden Dich das leise Rascheln der Blätter, die ersten Sonnenstrahlen oder auch einfach ein tolles Gespräch mit einem guten Freund immens bereichern. Ganz einfach dadurch, dass Du nun wieder eine „Brille“ hast, um all dies wahrzunehmen. Auch für die Wahrnehmung von Glück in den großen Bereichen Deines Lebens wirst Du nun viel offener sein, da Du nun nicht mehr von störenden Gedanken abgelenkt wirst. Dies mag vielleicht für Dich jetzt alles sehr esoterisch und wenig greifbar klingen, doch wird es deutlich verständlicher, wenn Du es erst einmal selbst erlebst und die unmittelbare Folge zu spüren bekommst: Eine Steigerung Deiner Lebensqualität um bis zu 200 Prozent! Und alleine das sind 10 bis 20 Minuten Übung am Tag doch definitiv wert, oder nicht?

6. Du wirst resistener und standhafter gegen die Widrigkeiten des Alltags

Hast Du häufig das Gefühl, von all der Belastung im Alltag regelrecht erstickt zu werden? Fühlst Du Dich regelmäßig von den Aufgaben des Lebens überfordert? Das muss nicht sein! Denn mithilfe von Meditation wirst Du schon bald deutlich resistenter gegenüber den Widrigkeiten des Lebens, sodass Dich so schnell nichts mehr aus der Bahn werfen kann. Ganz egal, ob Ärger auf der Arbeit oder Probleme im Leben, die anstehen: Mithilfe regelmäßiger Meditation wirst Du in der Lage sein, diese Dinge wie Staub ganz einfach von Deinen Schultern abzuschütteln. Statt den Fokus zu verlieren und zu verzweifeln, wirst Du Dich auf das konzentrieren, was getan werden muss und es einfach durchziehen können. Und noch mehr: Wenn Dich jemand in der Vergangenheit mit seinen Worten angreifen oder sogar verletzen konnte, werden diese Angriffe in der Zukunft wie Kugeln an einer kugelsicheren Weste einfach abprallen. Denn Du bist in der Lage zu realisieren, dass es keineswegs um Dich geht, sondern die Person vor allem ein Problem mit sich selbst hat. Du kannst dementsprechend Deine Emotionen deutlich besser regulieren und kühn und gelassen mit der auf Dich zukommenden Situation umgehen – ein tolles Gefühl!

Dies sind sie, die größten Vorzüge der Meditation. Natürlich führt regelmäßiges Meditieren noch dutzende weitere Vorzüge herbei, jedoch möchte ich Dir nicht die ganze Freude an der eigenen Erfahrung nehmen. Ich bin mir sicher, dass ich auch bei Dir einen Anreiz zum regelmäßigen Meditieren schaffen konnte und Du es kaum noch erwarten kannst, endlich durchzustarten. Falls Dir keiner dieser Vorzüge zugesagt hat, ließ sie Dir bitte noch einmal in Ruhe durch und kehre nach jedem Vorteil in Dich. Überlege Dir daraufhin, was es wirklich heißt, alle diese Vorzüge genießen zu können.Ich verspreche Dir, dass Du anschließend kaum noch darauf warten kannst, endlich mit dem Meditieren durchzustarten. Um Dich nicht länger auf die Folter zu spannen, werden wir uns bereits im nächsten Kapitel mit den ersten Techniken zum Meditieren auseinandersetzen. Bereit? Dann los!

Kapitel 2: Wie Du in nur zehn Minuten täglich Dein persönliches Lebensglück maximierst

In diesem Kapitel werden wir gemeinsam mit dem Meditieren durchstarten. Ich bin sicher, Du bist schon ganz heiß darauf, dass es endlich losgeht, oder? Dann muss ich Dich leider noch für ein paar Minuten vertrösten. Denn um richtig meditieren zu können, bedarf es einiger Vorbereitungen. Diese dienen dazu, um Dich in den perfekten emotionalen „State“ zu versetzen, indem Du Deinen Körper und Geist optimal auf die anstehende Übung vorbereitest und nicht von störenden äußeren Faktoren oder gar innerer Unruhe aus der Übung gerissen wirst.

1. Richte Dir eine feste Zeit zum Meditieren ein

Ich empfehle Dir, eine tägliche Zeit zum Meditieren freizuhalten, zu der Du regelmäßig meditierst. Denke daran: Meditation ist eine Gewohnheit und diese kann Dir nur durch regelmäßiges Training in Fleisch und Blut übergehen. Besonders zu Anfang ist es deshalb entscheiden, dass Du täglich trainierst. Apropos Gewohnheit: Wusstest Du bereits, dass positive Gewohnheiten im Schnitt 30-60 Tage brauchen, um von uns verinnerlicht zu werden? Was genau meine ich damit? Sobald Du Dir eine neue Gewohnheit antrainieren willst, sagen wir beispielsweise Zahnseide zu benutzen oder morgens eine kurze Sporteinheit zu absolvieren, braucht es 30-60 Tage, bis Du diese Übung ohne Anstrengung und gänzlich ohne Denkaufwand erledigen kannst. Innerhalb dieses ersten Zeitraums kann es sein, dass Dir die tägliche Übung durchaus schwerfällt. Keine Sorge, dieses Gefühl hatte ich auch zu Beginn und kann Dir daher versichern, dass es definitiv verfliegt.

Mein Geheimtipp: Richte Dir zu Anfang Deiner Meditationsübung ein kleines Sparschwein ein, in welches Du jeden Tag 5 oder 10 Euro einschmeißt, falls Du einen Tag lang nicht meditiert hast. Am Ende der 60 Tage spendest Du dieses Geld an einen gemeinnützigen Verein oder ähnliches. (Das klingt vielleicht etwas hart, ist aber immens wirkungsvoll und wird dazu beitragen, dass Du die erste Hürde mit Bravour nimmst!) Doch zurück zur Meditation: Menschen sind Gewohnheitstiere. Das heißt, dass ein Großteil von dem was wir sind, durch unsere Gewohnheiten geprägt wird. Richte daher einen festen Termin in Deinem Alltag ein, in der Du Dir lediglich Zeit für diese neue Gewohnheit nimmst. Ich empfehle Dir, dies entweder morgens oder abends zu tun. Morgens kannst Du mithilfe der Meditation Deine Stimmung positiv verändern und so die Segel für einen erfolgreichen Tag setzen. Und Abends setzt Du mithilfe der Meditation einen gelungen Schlussstrich unter einen erfolgreichen Tag und stellst somit Dein Unterbewusstsein auf einen entspannten Feierabend ein. Probiere hierzu einfach beides aus und finde heraus, was zu Dir persönlich am besten passt. Vielleicht gefällt Dir auch beides so sehr, dass Du Dich dazu entscheidest, morgens und abends eine kleine Einheit einzulegen? Probiere Dich hierzu ganz einfach aus!

2. Bereite Deine Umgebung optimal vor

Stell Dir folgende Situation einmal vor: Du bist hochmotiviert und willst direkt mit Deiner ersten Meditation durchstarten. Du setzt Dich also hin, schließt Deine Augen und atmest tief durch. Doch irgendwie ist der Straßenlärm zu laut, die Spülmaschine macht Geräusche und plötzlich klingelt auch noch Dein Handy. Genervt stehst Du auf, nimmst ab und hörst eine Frau von einer Stromgesellschaft, die Dir Tarif XY anbietet. Du legst noch genervter auf und überlegst Dir, ob Du Dich noch einmal an die Übung machen sollst. „Jetzt bin ich sowieso schon gestresst, da mache ich lieber morgen weiter...“, denkst Du Dir noch, bevor Du hektisch und mit einem unguten Gefühl in den Tag startest.

Sicher wirst Du anhand dieses kleinen Beispiels bereits gemerkt haben, was alles schief laufen kann, wenn Du Dich nicht optimal auf das Meditieren vorbereitest. Vorbereitung ist alles! Entscheidend ist, dass Du Folgendes verstehst: Die Zeit, die Du Dir zum Meditieren nimmst, ist womöglich die egoistischste Zeit des gesamten Tages. Was das heißt? Während der restlichen Zeit des Tages bist Du ständig für andere Leute zu erreichen. Ob per Email, Whatsapp oder persönlich: Andere Menschen wollen ständig ein Stück Deiner Zeit haben. Doch die Meditationszeit gehört alleine DIR! Ganz ohne störende Ablenkungen, wie Dein Handy oder nervige Nebengeräusche, solltest Du Dich so gut es geht von allen äußeren Geräuschen abschotten. Falls Du in einer lauten Umgebung wohnst, überlege Dir, wie Du diesen Lärmpegel senken kannst. Falls Dir dies nicht möglich sein sollte, besorge Dir in einer Drogerie Deiner Wahl Ohrstöpsel für diesen Zweck. Dein Handy solltest Du während dieser Zeit in den Flugmodus schalten und in ein anderes Zimmer legen, da Du sonst möglicherweise Gefahr läufst, die Übung durch einen flüchtigen Blick auf´s Smartphone zu boykottieren. Schließe zusätzlich Deine Tür und mache es Dir bequem.

Ich selbst nutze mit großer Begeisterung seit mittlerweile drei Jahren ein Meditationskissen namens „CalmingBreath"- Du findest es bei Amazon. Dieses ermöglicht es mir, eine für die Meditation aufrechte und trotzdem entspannte Körperhaltung einzunehmen. Falls Du nicht soviel Geld ausgeben möchtest, kannst Du Dir auch einfach ein großes, zusammengerolltes Handtuch unter Dein Gesäß legen und darauf umherrutschen bis Du eine optimale Position gefunden hast.

3. Lasse Dich auf die Übung ein

Zum Schluss noch ein wichtiger Tipp zur Vorbereitung: Du musst Dich selbst auf die anstehende Übung einlassen. Dieser Tipp mag vielleicht für Dich selbsterklärend sein. Doch glaube mir, ich selbst habe schon viele Menschen an der Meditation scheitern sehen, weil sie genau diesen wichtigen Tipp vernachlässigt haben.

Wenn Du selbst nämlich nicht bereit bist und die Übung eigentlich widerwillig ausführst, wirst Du innerhalb kürzester Zeit enttäuscht die Flinte ins Korn werfen. Doch das muss nicht sein! Mein Tipp: Stelle Dich vorher mental auf die folgende Übung ein. Hierzu eignet es sich besonders, Dir aus den oben genannten Vorteilen die für Dich relevantesten auszusuchen und diese auf einen Zettel. Hänge Dir diesen Zettel möglichst gut sichtbar in Deinem Zimmer auf, sodass Dein Blick möglichst häufig darauf fällt. Ich habe meinen „Vorteilszettel" beispielsweise vor meinem Bett an die Wand gehängt. So blicke ich jeden Morgen nach dem Aufstehen als erstes auf die Liste und weiß genau, wieso ich direkt mit dem Meditieren durchstarten will. Zusätzlich solltest Du unmittelbar vor dem Meditieren, also morgens oder abends, einen Blick darauf werfen. Dies wird Dich automatisch in einen besseren „Mindstate“ bringen und Dich zum Üben motivieren.

Doch Vorsicht: Da wir alle keine perfekten Roboter sind, wird es auch Tage geben, an denen Du Dich trotz mehrerer Blicke auf die Liste nicht motivieren kannst. Dann solltest Du jedoch keineswegs einen Tag ausfallen lassen (Erinnerst Du Dich an die 30-60 Tage-Regel?)! In dieser Situation hilft Dir nur eiserne Disziplin. Fokussiere Dich dann darauf, Dich erst einmal nur in die Meditationsposition zu setzen und EINE Minute lang zu meditieren. Die eine Minute wirst Du aufbringen können, da bin ich mir ganz sicher! Und sobald Du diese geschafft hast? Konzentrierst Du Dich darauf, noch eine Minute zu meditieren. Immer so weiter, bis Du Deine gewünschte Zeit erreicht hast. Diese

Technik ist sehr machtvoll, denn sie konfrontiert Dich mit einem so lächerlich geringen Widerstand, dass Du einfach nicht anders kannst, als durchzuziehen und ihn zu durchbrechen. Übrigens kannst Du diese Methode auch auf alle weiteren Bereiche ausweiten, in denen Du einige Disziplin benötigst. Je häufiger Du sie anwendest, desto mehr steigt Deine Willenskraft und Dir wird es zunehmend leichter fallen, die notwendige Disziplin aufzubringen. Doch nun habe ich Dich lange genug auf die Folter gespannt. Mit diesen Vorbereitungsübungen bist Du jetzt in der Lage, mit dem Meditieren durchzustarten. Ich werde Dir im Verlaufe dieses Buches verschiedenste Meditationsübungen an die Hand geben. In diesem Kapitel wirst Du jedoch zunächst eine Grundlagenmeditation kennenlernen, die ich selbst regelmäßig anwende und die immense Wirkung zeigt.

Setze Dich, wie eben beschrieben, aufrecht auf Dein Kissen. Falls es Dir schwerfallen sollte, eine aufrechte, aber dennoch entspannte Haltung auf dem Kissen einzunehmen, empfehle ich Dir folgendes: Wippe zunächst auf Deinem Kissen leicht vor und zurück, so wie ein Pendel. Finde dann genau die mittige Position, indem Du Dich „auspendelst“ und in der Du nicht zu einer Seite herunterfällst oder Dich zu sehr in eine Richtung lehnst. Stelle Dir daraufhin vor, dass an Deinem Kopf ein unsichtbares Seil befestigt wäre, welches Dich nach oben zieht und gerade rückt. Halte diese Position und atme tief durch den Mund aus, während Du nun Deine Muskeln entspannst. Dann hast Du genau die richtige Sitzposition zum Meditieren gefunden! Atme nun einmal tief und lange ein- und aus. Schließe dabei langsam Deine Augen.

Konzentriere Dich nun zunächst auf Deine Atmung und achte darauf, dass Du tief in Deinen Bauchraum atmest. Atme durch die Nase ein und durch den Mund aus. Verfolge den Strom Deines Atems. Spüre, wie der kalte Luftzug Deine Lunge füllt und von Deiner Nase aufgesogen wird. Führe diese Übung solange durch, bis Du merkst, dass Du bereits deutlich ruhiger geworden bist. Wenn Du merkst, dass Dein Fokus abschweift und Du einem Gedanken nachhängst, nimm dies kurz wahr und bringe Deine Aufmerksamkeit daraufhin zurück zu Deinen Atem, ohne Dich mit dem Gedanken länger auseinanderzusetzen.

Daraufhin musst Du Deine Gedanken unter Kontrolle bringen. Denn wie ich Dir bereits in Kapitel 1 erklärt habe, geht es darum, den „kleinen Affen“ in Deinem Kopf zu beschäftigen und trotzdem den gegenwärtigen Moment wahrzunehmen. Erst nachdem Du dies geschafft hast, kannst Du Dich daran machen, gar nicht zu denken. Gib ihm also eine Aufgabe, indem Du ihn Deinen Atem kontrollieren lässt. Sage Dir hierzu mit Deiner inneren Stimme „Einatmen“, während Du einatmest und „Ausatmen“, sobald Du ausatmest. Durch diese simple Übung kannst Du Dich aufgrund der Konzentration bereits auf den gegenwärtigen Moment fokussieren und trotzdem „Denken“.

Führe diese Übung solange fort, bis Du merkst, wie eine Art innerer Frieden in Dir eintritt und Du deutlich ruhiger und weniger gestresst bist. Dann kannst Du mit dem nächsten Schritt fortfahren: Jetzt geht es darum, noch eine Stufe tiefer zu gehen und tatsächlich nicht zu denken. Ein sinnvolles Bild, welches mir jedes Mal dabei hilft, ist folgendes: Ich stelle mir meinen Verstand wie einen klaren blauen Himmel vor. Jeder Gedanke, der aufkommt, ist wie eine kleine Wolke, die ich einfach weiterziehen lasse. Und glaube mir, Gedanken werden definitiv aufkommen. Wichtig ist jedoch, dass Du Dich nicht lange an diesen aufhältst und Dich vor allem nicht mit diesen identifizierst. Was ich damit meine? Häufig sind wir Menschen sehr emotional, was unsere Gedanken angeht. Stelle Dich stattdessen lieber in eine Beobachterrolle, in der Du diesen Gedanken von oben betrachtest. Lasse sie einfach weiterziehen wie eine Wolke und fokussiere Dich stattdessen wieder auf das Bild des blauen Himmels. Womöglich wird Dir die Vorstellung dieses gedanklichen Bildes zu Beginn noch schwer fallen. Lasse Dich davon jedoch keineswegs entmutigen! Bereits nach einer Woche wird das Bild vor Deinem geistigen Auge deutliche Gestalt annehmen.

In dieser Position solltest Du zu Beginn für circa zehn Minuten verweilen. Daraufhin solltest Du einen tiefen Atemzug nehmen und langsam Deine Augen öffnen. Achtung! Springe im Anschluss keinesfalls einfach auf und mache mit Deinen täglichen Aktivitäten weiter. Stattdessen solltest Du Dich in Deiner Umgebung einmal genau umsehen und realisieren, wie Du Dich fühlst. Fühlst Du Dich ruhig und gelassen oder doch noch etwas angespannt und unruhig? Bist Du traurig oder doch eher fröhlich gestimmt? Und hat sich Dein Gefühl im Vergleich zu vor der Übung verändert? Erst, wenn Du diese Fragen für Dich selbst beantwortet hast, solltest Du die Übung beenden und aufstehen.

Selbstverständlich kannst Du auch länger als die eben genannten 10 Minuten üben, ich empfehle es Dir jedoch keineswegs. Diese Zeit wird Dir nämlich gerade zu Beginn Deiner Übung noch wie eine gefühlte Ewigkeit vorkommen. Dies liegt daran, dass Du anfangs noch nicht so leicht in den sogenannten „Flow“, einen Status der vollkommenen Abwesenheit von Gedanken, gelangst. Lasse Dich dementsprechend nicht entmutigen, falls Dir in den ersten Wochen die Gedanken beim Meditieren nur so wie Pfeile durch den Kopf schießen. Von Mal zu Mal wirst Du merken, wie Du Deine Gedankenflut immer besser unter Kontrolle bekommen und diese langsam abebbt. Sobald dies der Fall ist, wirst Du mit den anfänglichen zehn Minuten kein Problem mehr haben und diese locker flockig absolvieren. Dann ist es an der Zeit, die Übungszeit sukzessive auszubauen, erst auf 15 und später auf zwanzig Minuten. Zwanzig Minuten am Tag habe ich selbst als optimale Übungszeit erlebt, jedoch kannst Du selbstverständlich auch längere Einheiten absolvieren. Dann solltest Du diese längere Einheit allerdings aufteilen – eine Einheit morgens und eine Abends.

Bevor Du nun mit der ersten Übung durchstartest, habe ich Dir noch einmal kurz alle notwendigen und wichtigsten Schritte der Übersichtlichkeit halber in Stichpunkten aufgelistet:

Zur Vorbereitung:

-richte Dir eine feste Zeit zum Meditieren ein

-richte Deine Umgebung optimal zum Üben ein

-Stelle Dich auf die folgende Übung ein

Die Übung:

-Finde die optimale Sitzposition

-Schließe Deine Augen

-Richte den Fokus auf Deinen Atem

-Beschäftige den „kleinen Affen“ mit „Ein- und Ausatmen“

-Konzentriere Dich anschließend auf einen blauen Himmel und lasse jegliche Gedanken einfach weiterziehen

-Öffne Deine Augen und fühle in Dich hinein

Mit dieser Übung solltest Du jetzt unbedingt durchstarten, bevor Du weiterliest. Denn wie bereits erwähnt, stellt diese Übung eine absolute Grundlage für die noch folgenden Übungen dar und sollte von Dir regelmäßig praktiziert werden. Ich selbst nutze genau diese Übung nun schon seit über 12 Jahren und kann Dir deshalb garantieren, dass sie sehr gute Ergebnisse hervorbringt und effizient ist. Die kommenden Übungen solltest Du dagegen eher als eine Art

Ergänzung sehen, doch dazu an späterer Stelle mehr.

Kapitel 3: Diese 5 Fehler solltest Du beim Meditieren unbedingt vermeiden

In diesem Kapitel widmen wir uns den 5 größten Fehlern, die Deinen Meditationserfolg sabotieren werden. Zu Beginn sei gesagt, dass es keinesfalls schlimm ist, wenn diese Fehler auch bei Dir eintreten werden. Und glaube mir, das werden sie auch. Woher ich das weiß? Ich habe sie der Reihe nach alle schon einige Male gemacht. Genau aus diesem Grund kann ich Dir jedoch auch optimale Tipps geben, wie Du diese Fehler in Zukunft gekonnt vermeidest und so Deinen Übungserfolg sicherstellen kannst. Starten wir also ohne große Umschweife mit dem ersten Fehler und dessen Lösung durch!

Fehler Nummer 1: Unrealistische Erwartungen

Glaubst Du bereits, innerhalb weniger Wochen des Meditierens eine tiefgreifende Gelassenheit zu spüren? Meinst Du, Du würdest bereits nach einigen Monaten eine zenartige Ruhe auszustrahlen? Dann muss ich Dich leider enttäuschen. Denn obwohl ich selbst auch derlei Erwartungen hatte, sind sie absolut nicht realistisch. Zwar halte ich an meinem Wort fest, dass Du bereits in kurzer Zeit eine spürbare Veränderung wahrnehmen wirst. Jedoch musst Du stets beachten, dass die Meditation eine neuartige Fähigkeit ist, die Du Dir antrainieren musst. Dies sage ich an dieser Stelle bereits zum zweiten Mal, eben, weil es so entscheidend ist, dass Du jeden Tag trainierst. Genau wie jede andere Fähigkeit brauchst Du auch beim Meditieren einige Zeit, um sie zu perfektionieren und von ihren gesamten Vorteilen zu profitieren.

Du kannst Meditation in diesem Sinne mit Kraftsport oder Klavierspielen vergleichen. Zwar wirst Du bereits in der ersten Übungseinheit Gewichte stemmen können und eine einfache Melodie spielen können. Allerdings kannst Du dann auch noch lange nicht einen Körper wie ein Bodybuilder haben oder Beethovens 9. Symphonie spielen können. Diese Fähigkeiten zu perfektionieren dauert im Normalfall Jahre. Und genau so ist es auch mit der Meditation.

Doch keine Sorge, ich möchte Dich nicht entmutigen! Denn Du musst weiß Gott kein buddhistischer Mönch werden, nur um Meditation gewinnbringend für Dich zu nutzen. Bereits nach der ersten Einheit wirst Du Dich entspannter als zuvor fühlen und innere Ruhe fühlen. Das Tolle ist, dass sich diese Effekte mit jeder Einheit steigern und steigern. So kannst Du über lange Zeit eine neue Fähigkeit lernen und trotzdem schon währenddessen immense Vorteile aus diesem Training ziehen. Genau wie Beim Bodybuilding, indem sich Dein Körper langsam dem Training anpasst und mehr Muskeln bildet, oder Du auf dem Klavier nach einiger Zeit Stücke wie „Für Elise“ oder „Liebesträume“ von Liszt spielen kannst.

Das Problem an unrealistischen Erwartungen ist meist, dass diese sich nicht offensichtlich äußern. Das heißt, dass Du Dich nicht offensichtlich fragen wirst, wieso Du nicht in kürzester Zeit ein absoluter Profi wirst. Es bedeutet aber auch gleichzeitig nicht, dass Deine Erwartungen realistisch sind! Sie äußern sich lediglich anders. Und zwar durch Dein Unterbewusstsein. Dieses ist so programmiert, dass es unrealistische Ergebnisse geradezu von Dir einfordert. Und wie bemerke ich es dann? Durch auftretende Ungeduld. Spätestens, wenn Du merkst, wie Dich ausbleibende große Schritte/Erfolge frustrieren, kannst Du davon ausgehen, dass sich Dein Unterbewusstsein auf ganz andere Ergebnisse eingestellt hat, als sie das Training so schnell hervorbringt. Mein Tipp: Schreibe Dir kleine Post-It-Zettel, die Du überall in Deinem Haus oder Deiner Wohnung an Stellen aufklebst, auf die Dein Blick natürlicherweise fällt. Bei mir sind dies: Badezimmerspiegel, Haustür und Küchenschrank. Auf diese Zettel schreibst Du Dir Stichwörter und –sätze wie: „Der Weg ist das Ziel“, „Habe Geduld!“, „Sei realistisch!“ oder „Es wird klappen, wenn ich mir nur genügend Zeit einräume!“

Der Vorteil an diesen kurzen Sätzen ist der, dass sie Dein Unterbewusstsein positiv beeinflussen und nach und nach umpolen, je mehr Du sie betrachtest. Da Du sie an Stellen aufhängst, auf die Du sowieso häufig schaust, wirst Du sie gut verinnerlichen können. Erste Erfolge dieser Übung wirst Du, sobald Du merkst, dass Du Dich bereits über kleinste tägliche Resultate freuen kannst, anstatt Dich ständig zu fragen, wann Du endlich die große Erleuchtung erreichst.

Fehler Nummer 2: „Mache ich es eigentlich richtig?“

Mein Lieblingsfehler! Wieso? Weil er sooo häufig auftritt und mir lange Zeit schlaflose Nächte bereitet hat. Denn nachdem ich zum ersten Mal von den Vorteilen der Meditation erfuhr, wollte ich diese unbedingt für mich nutzen. Stundenlang meditierte ich deshalb jeden Tag. Doch ein Gedanke ging mir dabei nicht aus dem Kopf. „Ist das überhaupt richtig so? Oder verschwende ich hier gerade wertvolle Stunden meines Lebens, weil ich falsch trainiere und mir das Ganze überhaupt nichts bringt?“ Ich konnte mich während der Übung überhaupt nicht mehr auf das Training konzentrieren, sondern schwirrte immer wieder um diesen einen Gedanken: „Mache ich es eigentlich richtig?“.

Irgendwann wurden diese Gedanken in meinem Kopf immer lauter, bis ich mich eines Tages dabei erwischte, dass ich aus lauter Angst überhaupt nicht mehr meditierte. Ich wusste, dass es so nicht weitergehen konnte und entschied mich deshalb dazu, einen Lehrer in einem sogenannten „Vipassana-Zentrum“ aufzusuchen. Ich erzählte ihm von meinen Zweifel und er lächelte mich nur allwissend an. Als er merkte, dass ein betretendes Schweigen meinerseits folgte, waren seine Worte nur „Hab Geduld“. Dann drehte er sich auf dem Absatz um und ging zurück zu seiner Meditationsgruppe. Sicherlich kannst Du Dir vorstellen, wie ich wie bestellt und nicht abgeholt dort stand. Auf dem Heimweg dachte ich lange über die Worte des Lehrers nach. Was meinte er damit? Ich konnte es einfach nicht verstehen. Zuhause angekommen entschied ich mich trotzdem, einfach weiterzumachen und den negativen Gedanken in meinem Kopf keinen Raum zu bieten. Was konnte denn schon schiefgehen? Nach einigen Wochen des Trainings realisierte ich es plötzlich. Ich betrachtete mein Training der vergangenen Monate und dachte darüber nach, wie sich mein Gefühlszustand seit dem Beginn verändert hatte. Mir fiel es wie Schuppen von den Augen! Ich war deutlich gelassener, ruhiger und der Stress in meinem Leben hatte sich trotz gleichbleibender Verpflichtungen nahezu in Luft aufgelöst. Ich war also doch auf dem richtigen Weg. Und genau das meinte der Lehrer: Einfach weitermachen und sich nicht an diesem Gedanken aufzuhalten.

Diesen Tipp möchte ich auch Dir mitgeben. Konzentriere Dich lediglich auf die Übung und richte Deinen Fokus wie oben beschrieben erst auf Deine Atmung und daraufhin auf die Abwesenheit von Gedanken. Halte Dich nicht an dem Gedanken von richtig oder falsch auf. Du wirst automatisch merken, ob Du Dich gerade fokussierst und richtig meditierst, oder stattdessen Deinen Gedanken nachhängst. Falls Du feststellst, dass Dein Fokus abdriftet, führe ihn einfach zurück zum Meditationsobjekt Deiner Wahl. Wiederhole diesen Vorgang für die gesamte Dauer der Übung. Mit der Zeit wirst Du merken, dass Du Dich immer weniger in Gedanken verlierst und Deine Konzentration deutlich länger aufrecht erhalten kannst. Ein kleiner Fakt am Rande: Buddhistische Mönche schaffen dies sogar über eine Dauer von 4 Stunden und mehr. Viele von Ihnen beschreiben diese lange Dauer des Fokus als härtere Übung, als ein Jahr lang im Gefängnis zu sitzen! Wie bereits gesagt, erwartet dies auch niemand von Dir! Setze stattdessen einen Schritt vor den anderen. Du bist auf dem richtigen Weg - vertraue mir!

Fehler Nummer 3: Konsumierst Du zu viele Medien?

Sei an dieser Stelle bitte einmal ehrlich: Was meinst Du, wie häufig Du am Tag Dein Smartphone nach neuen Nachrichten, lustigen Bildern Deiner Freunde oder WhatsApp-Messages checkst? 5 Mal? 10 Mal? Oder doch eher 100 Mal? Wohl letzteres. Aktuellen Studien zu Folge schauen wir Deutschen im Schnitt ganze 88 Mal am Tag auf unser Handy! Das macht im Schnitt alle 7 bis 8 Minuten aus, in denen wir wach sind. Unglaublich, oder?

Auch wenn der Fernsehkonsum in deutschen Haushalten in den letzten Jahren deutlich zurückgegangen ist, so wird diese Zeit in keinem Fall sinnvoller eingesetzt, sondern stattdessen mit Youtube-Videos am Laptop oder Spiele-Apps verbracht. Das Problem? Diese unendlichen Konsummöglichkeiten, die mit nur einem Knopfdruck ständig erreichbar in Deiner Tasche schlummern, sind absolutes Gift für ein achtsames Leben im Augenblick. Denn statt unsere Umgebung genau zu betrachten, sind wir in Gedanken immer gestresst bezüglich den auf uns wartenden Nachrichten. Lass es mich Dir in aller Deutlichkeit sagen: Diese stetige Erreichbarkeit ist absolutes Gift für Dich. Ganz egal, ob für Deine Achtsamkeit, Dein Vorankommen in Beruf oder die Entwicklung neuer sozialer Kontakte. Wir haben verlernt, uns aktiv zu langweilen und unsere Umgebung einmal genau zu betrachten. Stattdessen gibt es sogar schon einen Begriff für Menschen, die beim Gehen nur nach unten auf ihren Bildschirm gucken und ihre Umgebung dabei völlig außer Acht lassen: „Smombies“-Eine Kombination aus den Wörtern „Smartphone“ und „Zombies“. Überlege Dir bitte zunächst, welche Medien Du zu viel konsumierst. (Bücher bilden herbei übrigens eine Ausnahme und zählen nicht dazu) Guckst auch Du zu häufig auf Dein Handy? Oder verbringst Du zu viel Zeit mit Fernsehen oder Videospielen? Beachte bitte, dass es keinesfalls darum geht, Dir ein paar Blicke auf Dein Handy am Tag zu verbieten oder Dir Deinen wohlverdienten Fernsehabend auszureden.

Ich rede nur von Zeiten, in denen Du eigentlich etwas Anderes tun solltest oder Dich einmal bewusst ausruhen könntest, ohne gleich Dein Handy zu zücken. Hierzu möchte ich Dir eine kleine Geschichte erzählen: Ein Unternehmer, ein Kaufmann und ein tibetanischer Mönch wollten einst gemeinsam mit einigen anderen Reisenden die Grenze von China nach Tibet in einem kleinen, alten Transporter passieren. Da jedoch auf dem engen Gebirgspass kurze Zeit vorher ein Lastwagen umgekippt war, wurde der Grenzübergang für 12 Stunden gesperrt. Die Gruppe stöhnte. Der Kaufmann wippte unruhig von einem Fuß auf den anderen, zähneknirschend auf sein Handy blickend und ständig Anrufe tätigend. Dem Unternehmer erging es ganz ähnlich. Er ging leise fluchend im Kreis auf und ab und fragte alle zehn Minuten die Grenzbeamten, wann es denn nun endlich weiterginge. Mit verachtendem Blick schaute er auf den tibetanischen Mönch, der es sich auf dem Boden bequem gemacht hatte und überglücklich zu sein schien. Einem Mitreisendem, dem es ähnlich ging wie den beiden anderen Herren, löste sich aus der Gruppe und fragte den Mönch, warum er gerade jetzt so glücklich zu sein schien. „Ach wissen Sie, mein Herr. Ständig gibt es überall Ablenkungen und Unruhe, die nur so auf uns einströmt. Ist es da nicht einmal herrlich, von allen Verpflichtungen durch höhere Gewalt befreit zu sein und einfach nur den Augenblick genießen zu können?

Mein Ziel ist es, dass Du es diesem Mönch gleich tust. Die Frage lautet nur: Wie?

Hierzu habe ich ein paar hilfreiche Tipps für Dich: Alles, was Du tun musst, ist Deinen Medienkonsum drastisch zu reduzieren. Klingt vielleicht einfach, so leicht ist es jedoch nicht, versprochen! Denn wenn Du Dich wie der Durchschnittsdeutsche verhältst, was Medienkonsum angeht, kann ich Dir eines sagen: Du bist abhängig! Von einer ernstzunehmenden psychischen Sucht. Doch keine Panik, es gibt Abhilfe. Du kannst selbstverständlich probieren, nicht mehr so lange vor dem Fernseher zu hocken oder auf Dein Handy zu starren. Ich empfehle Dir jedoch, Dir bewusst zeitliche Blöcke in Deinen Alltag einzubauen, in denen Du für nichts und niemanden erreichbar bist. Und damit meine ich wirklich für nichts und niemanden!

Die Welt wird in dieser Zeit schon nicht untergehen. Und wenn doch, kannst Du danach immer noch damit leben und jetzt gerade absolut nichts ändern. Dies wird Dir nämlich die Möglichkeit geben, Dich zum einen vollkommen auf derzeitige Aufgaben zu konzentrieren und zum anderen im Moment zu verweilen, gänzlich ohne Stress und Ablenkungen. Im Idealfall verteilst Du über den Tag mehrere Blöcke, in denen Du Dich ganz ohne Ablenkungen auf eine einzige Sache fokussierst. Fange damit an, die Blöcke jeweils eine Stunde ohne Blick auf´s Handy, Katzenvideos auf Youtube oder ähnlichem durchzuhalten. Sobald Du dies schaffst, erweiterst Du diese Phasen auf ganze zwei Stunden. Ich mache es mittlerweile so, dass ich nur alle 3 bis 4 Stunden einen Blick auf mein Handy werfe. So spare ich immense Zeit und Energie und kann meine Konzentration länger aufrechterhalten. Seitdem ich diese Methode anwende, hat sich meine Meditationskraft vervielfacht. Ganz alleine durch die Möglichkeit, Dich länger auf eine einzige Sache (in unserem Fall die Meditation) zu konzentrieren!

Schalte Dein Handy für diese Zeit in den Flugmodus und lege es optimalerweise in einen anderen Raum, sodass Du erst gar nicht in Versuchung gerätst. Falls Du in einer Wohnung oder einem Haus mit mehreren Leuten lebst, solltest Du Dir ein „Nicht Stören"-Schild kaufen und Dir zusätzlich Ohrenstöpsel besorgen, sodass Du Dich ganz Deiner Aufgabe widmen kannst. Das Gleiche gilt übrigens für die Arbeit, wenn Du ein abgetrenntes Büro hast. Denn auch die Ablenkung durch Menschen führt den gleichen Effekt wie Medienkonsum herbei. sStelle alle Menschen in Deinem Umfeld darauf ein - so wird auch Dein Unterbewusstsein sukzessive darauf programmiert. Und zum Abschluss dieses Fehlers noch ein Tipp für Hardcore-Handysüchtige: Falls Du es aus eigener Antriebskraft überhaupt nicht schaffst und alle fünf Minuten wie ein Wahnsinniger auf Dein Handy starrst, gibt es nur noch eine Lösung: Ein radikales Bestrafungssystem! Ich empfehle Dir hierzu, eine bestimmte Höchstdauer festzulegen, die Du täglich in digitale Medien (Smartphones,

Fernsehen etc.) investierst. Natürlich sollte diese Zeit knapp bemessen sein. Überschreitest Du sie, spendest Du 20 Euro an eine Organisation Deiner Wahl. Allerdings muss es ein Verein oder Unternehmen sein, das Du auf den Tod nicht ausstehen kannst. So stellst Du automatisch sicher, dass Du Dich auch an Deine eigenen Vorgaben hältst. Denke also immer daran und konsumiere weniger Medien!

Fehler Nummer 4: „Ich fühl mich heute einfach zu schlecht"

Hast Du schon einmal probiert, Dich auf ein wichtiges Projekt zu konzentrieren, während Du verspannt warst, einen Schmerz in der hinteren Schultermuskulatur gespürt hast oder einfach nur einen vollgeschlagenen Bauch hattest? Sicherlich wird Dir aufgefallen sein, dass dieses negative Gefühl alles überschattete, Du Dich kaum fokussieren konntest und nicht einmal die Hälfte der Arbeit geschafft hast, die Du eigentlich wolltest, oder? Genauso verhält es sich mit der Meditation. Bist Du nicht in der richtigen körperlichen Verfassung, wird Dir die Übung kaum oder nur schwer gelingen. Iss deshalb vor dem Training höchstens eine Kleinigkeit, sodass Du morgens nicht beim Üben von Deinem Magengrummeln gestört wirst oder lasse die Mahlzeit bis nach dem Training warten.

Falls Du Dich verspannt fühlst oder muskuläre Schmerzen hast, solltest Du nicht zögern und einen Physiotherapeuten aufsuchen. Gerade in der oben beschriebenen Meditationshaltung zeigen sich häufig die eigenen körperlichen Schwachstellen. Durch die fehlende Stütze im Rücken offenbart der Körper schnell, wo es gerade zwickt und drückt. Ich selbst konnte anfangs überhaupt nicht ohne Unterstützung im Rücken meditieren, da ich aufgrund einer Schiefstellung der Wirbelsäule deutliche Schmerzen hatte. Also bin ich zum Physiotherapeuten gegangen und habe mich über längere Zeit „richten“ lassen.

Dies empfehle ich Dir auch dringend, falls es Dir ähnlich wie mir damals ergeht. Denn mit jedem Tag, den Du wartest, wird es nur noch schlimmer werden und hinterher deutlich schwerer zu beheben sein. Probiere es mit regelmäßigen Sporteinheiten (2-3 Mal pro Woche leichtes Fitnesstraining) und darüber hinaus einigen Lockerungsübungen. Hierfür solltest Du Dich in einem nahegelegenen Fitnessstudio oder einem Yogakurs anmelden. Falls Dir dafür „die Zeit fehlen" sollte, empfehle ich Dir folgende Übung (den sogenannte Jefferson Curl) jeden Morgen fünf Mal durchzuführen, um Deine Rückenmuskulatur zu lockern. Stelle Dich aufrecht hin, sodass sich Deine beiden Knie und Versen berühren und Deine Beine nicht ganz durchgestreckt sind, sondern leicht gebeugt. Lasse Deine Hände seitlich an Deinem Körper entlang baumeln. Knicke nun Deinen Oberkörper (nur den Torso) Wirbel für Wirbel nach unten ab und lasse Deine Arme der natürlichen Bewegung nach vorn unten folgen. Mache so weiter bis Du nicht mehr kannst (entweder berührst Du in dieser Position mit Deinen Händen Deine Zehenspitzen oder solltest knapp davor sein) und lasse auch Deinen Kopf ganz durchhängen.

Verweile 2 Sekunden in dieser Position und richte Deinen Oberkörper nun Wirbel für Wirbel, angefangen beim untersten Wirbel knapp über Deinem Gesäß, wieder auf. Achte darauf, dass Du Deinen Körper wie an einem unsichtbaren Seil wirklich Wirbel nach Wirbel aufrichtest und nicht wie ein steifes Brett in Einem aufrichtest. Diese Übung führt zu einer deutlichen Dehnung und Lockerung Deiner Rückenmuskulatur. Bereits nach fünf Wiederholungen jeden Morgen wirst Du diesen Unterschied wahrnehmen können. Bedenke jedoch bitte immer, dass Du bereits mit leicht ausgeführtem Muskeltraining den meisten körperlichen Schäden und Zimperlein vorbeugen kannst. Da komplexe Anleitungen jedoch den Rahmen dieses Buchs sprengen würden, möchte ich Dir an dieser Stelle einen wahren Augenöffner im Bereich des Fitnesstrainings empfehlen:

Effektiver Muskelaufbau von Benjamin Melzer. Dieses Buch findest Du ganz einfach auf Amazon.

Fehler Nummer 5: Die falsche Motivation

Zum Schluss dieses Kapitels möchte ich noch einmal auf einen Fehler zu sprechen kommen, der Dir im Laufe dieses Buches immer wieder in den verschiedensten Zusammenhängen begegnen wird. Aufgrund seiner Bedeutsamkeit möchte ich ihm jedoch einen eigenen Abschnitt widmen: Die falsche Motivation. Bestimmt bist Du jetzt ganz heiß drauf, so richtig durchzustarten und alle weiteren Übungen unmittelbar auszuprobieren, oder? Und ich wette mit Dir, dass Deine erste Meditationseinheit über die von mir bereits empfohlenen zehn Minuten dauern wird. Woher ich das weiß? Bei mir war es ganz genauso. Und genau das war auch der Grund dafür, dass ich ganze drei Versuche brauchte, um Meditation als regelmäßige Gewohnheit zu verinnerlichen.

Denn wenn Du erst einmal übermotiviert anfängst, wird Dir dies auf Dauer den Erfolg kosten.

„Erfolg ist kein Sprint – Erfolg ist ein Marathon!“

Du wirst dementsprechend niemals Dein anfängliches Pensum durchhalten können und irgendwann erschöpft das Handtuch werfen. Ähnlich wie Menschen, die mit Sport anfangen wollen und direkt 6 Mal pro Woche Joggen und ins Studio gehen. Meinst Du wirklich, sie könnten Erfolg dabei haben? Natürlich nicht! Weil ihre Muskeln überhaupt nicht dafür gemacht sind. Zur Meditation benötigst Du natürlich nicht Deine ganze Muskelkraft, allerdings benötigst Du einen bestimmten Muskel: Den „Willenskraftmuskel“. Und wenn Du diesen nicht trainierst, wird er unter der gesamten Last, die Du ihm aufbürdest, ganz einfach zusammenbrechen. Das Letzte was Du möchtest, ist sicherlich nach einer Woche des

Trainings erschöpft aufzugeben, oder? Was dagegen hilft: Bremse Dich selbst. Folge den professionellen und bereits hunderte Male erprobten Anleitungen dieses Buches Schritt für Schritt und der Erfolg wird Dir sicher sein.

Kapitel 4: Diese 7 Meditationsübungen solltest Du kennen

In diesem Kapitel werde ich Dir zusätzlich zur oben beschriebenen Meditationstechnik noch sieben weitere Übungen an die Hand geben, die Du alle der Reihe nach einmal zusätzlich zur oben genannten Meditation ausprobieren solltest. Der Grund: Jeder Mensch ist unterschiedlich, weshalb die oben beschriebene Meditation natürlich für alle Menschen gleich wirksam ist und unter Garantie funktioniert. Doch gleichzeitig sind Geschmäcker natürlich verschieden. Worauf es mir ankommt, ist, dass Du die Meditation als neue Gewohnheit tatsächlich DAUERHAFT verinnerlichst. Deshalb habe ich Dir im folgenden die meiner Erfahrung nach wirksamsten und eingängigsten Meditationen zusammengestellt, aus denen Du nach Belieben wählen kannst. Ich habe Dir verschiedenste Arten und Weisen der Meditation zusammengestellt, sodass wirklich etwas für jeden Geschmack dabei ist.

Im Optimalfall solltest Du diese als Ergänzung zur oben beschriebenen Variante anwenden, Du kannst sie aber auch stattdessen nutzen, falls Dir die obige Meditation zu langweilig sein sollte. Statt Dich im kommenden mit konkreten Ausführungen zu langweilen, wieso genau sie wirksam sind, werde ich Dir lediglich ihre Wirkung und die Technik erklären. Dies ist der entscheidende Teil für Dich – alles andere würde nur unnötig ablenken. Denn Du musst doch auch nicht wissen, wie ein Wasserkocher mechanisch aufgebaut ist, nur um in ihm Wasser erhitzen zu können, oder? Lass uns daher jetzt ohne große Umschweife mit der ersten Übung durchstarten.

Übung 1: Die Regenbogen - Meditation

Zunächst stelle ich Dir in diesem Zusammenhang die Regenbogen-Meditation vor. Die Übung der

Visualisierung, die ich Dir im folgenden beschreiben werde, verhilft Dir durch eine nachhaltig positive Beeinflussung Deines Unterbewusstseins zu tiefer Entspannung und baut somit nachhaltig Stress ab. Zu Beginn der Übung setzt Du Dich bitte in die bereits oben beschriebene Ausgangsposition, in der Du leicht erhöht im Schneidersitz (oder Lotossitz, falls Dir dies körperlich möglich ist) sitzt und Deine Wirbelsäule aufgerichtet ist, Du jedoch trotzdem entspannt bist. Atme daraufhin 5 Mal tief in Deinen Bauchraum und schließe beim letzten Atemzug langsam Deine Augen. Atme nun entspannt weiter. Stelle Dir nun vor Deinem geistigen Auge einen Regenbogen vor einem klaren blauen Himmel vor. Sieh ganz genau hin und konzentriere Dich ganz auf seine Farben. Erkennst Du sie alle ganz genau? Siehst Du die Farben Rot, Orange, Gelb, Grün, Himmelblau, Dunkelblau und Violett?

Fokussiere Dich zunächst solange auf den Regenbogen, bis Du ihn ganz klar erkennst. Tritt daraufhin in die einzelnen Farben des Regenbogens ein und verweile nur solange in ihnen, wie Du Dich dabei gut und wohl fühlst.

Fühle zunächst, wie Dich die Farbe Rot ganz und gar umgibt. Stell Dir vor, wie Du in einem roten Anzug oder einem roten Kleid durch ein Feld roter Tulpen läufst, die sich bis zum Horizont erstrecken. Nimm die Farbe wahr und fühle, wie sie Dich erfüllt und durchströmt... Wandere, sobald Du möchtest, weiter im Regenbogen in die Farbe Orange. Stell Dir vor, Du sitzt an einem fernen Strand vor einem Sonnenaufgang, der die gesamte Szenerie vollkommen orange einfärbt. Spüre, wie die Farbe von Dir Besitz ergreift und lasse Dich von ihr ganz und gar einhüllen. Tritt sodann in die Farbe Gelb ein. Ein weites Rapsfeld liegt vor Dir, so weit das Auge blicken kann. Die Blumen wiegen sich sanft im Wind und bewegen sich synchron zu Deinem Herzschlag. Werde eins mit der Farbe und lasse Dich von ihr gänzlich durchströmen. Begib Dich, wann immer Du Dich bereit fühlst, in die Farbe

Grün und stelle Dir vor, wie Du auf einer weiten Wiese liegst. Spüre in die Farbe hinein und verbinde Dich mit ihr. Daraufhin geht es ins Hellblau. Wende Deinen Blick von der Wiese hin zum klaren Himmel. Umgib Dich mit ihm und spüre, wie die Farbe Dein Herz erwärmt.

Tauche daraufhin in einen indigoblauen See ein, der Dich komplett umhüllt und fühle das angenehme Gefühl auf der Haut, dass Dir dieses Eintauchen beschert. Als Letztes tauchst Du in ein Meer voll violettfarbener Orchideen ein, die Dich ganz und gar umgeben. Spüre, wie das sanfte Gefühl des Violett Deinen ganzen Körper umhüllt. Verlasse anschließend, sobald Du magst den Regenbogen, indem Du Dich gedanklich langsam aus der Farbe zurückziehst und den Regenbogen aus der Ferne betrachtest. Horche nun in Dich hinein: Wie fühlst Du Dich? Bist Du entspannter als vor der Übung, oder fühlst Du Dich vielleicht immer noch etwas gestresst? Falls Du Dich besser fühlst, nimm einen abschließenden tiefen Atemzug in Deinen

Bauchraum, öffne langsam die Augen und beende so die Meditation. Falls Du Dich immer noch unruhig fühlst, tauche erneut in den Regenbogen ein und beginne erneut von vorne bei der Farbe Rot.

Übung 2: Die Gehmeditation

Als Nächstes habe ich eine Meditation für Dich, die besonders dann hilfreich ist, wenn Du Dich selbst als „Zappelphillip“ beschreiben würdest: Eine Meditation, in der Du Dich bewegst. Denn wie Du bereits gelernt hast, musst Du Dich nicht bewegungslos hinsetzen, um zu meditieren. Stattdessen ist jede Tätigkeit, bei der Du Dich völlig auf den gegenwärtigen Augenblick konzentrierst, eine Meditationsübung. Du brauchst für diese Meditation lediglich 4 Faktoren: Achtsamkeit, Gehen, die richtige Atmung und ein Lächeln auf den Lippen.

Für die Achtsamkeit ist es wichtig, dass Du Dich, wie schon oben beschrieben, völlig auf die Meditation konzentrierst und nicht abschweifst. Bemerkst Du, dass Deine Gedanken abdriften, führe Deine Aufmerksamkeit einfach wieder zur Übung zurück. Lasse währenddessen Dein Handy am besten ausgeschaltet in einem anderen Raum oder zuhause (wenn Du diese Übung draußen ausführen möchtest) liegen. Das Gehen stellt den Dreh- und Angelpunkt dieser Technik dar, weshalb Du hierauf einen besonderen Fokus legen solltest. Zu Beginn solltest Du Dir unbedingt einen ruhigen Ort hierfür suchen. Besonders eignen sich Parkanlagen, Wälder oder andere abgelegene Orte. Je geübter Du wirst, desto besser kannst Du diese Übung an jedem x-beliebigen Ort durchführen.

Achte auf einen natürlichen Gang und probiere bitte nicht aus, anmutend oder ähnliches zu gehen. Beginne damit, lediglich einige langsame Schritte zu machen und Dich dabei ganz auf Deinen Gang zu konzentrieren. Spüre in der

Bewegung jeden einzelnen Schritt ganz genau und nimm ihn konkret wahr. Fühle, wie Dein Gewicht sich von einem Fuß auf den anderen verlagert und Du Halt auf der Erde unter Dir findest. Wie fühlt sich der Boden unter Deinen Solen an? Was empfindest Du während Du gehst? Höre mit der oben beschriebenen Achtsamkeit ganz genau in Dich hinein und konzentriere Dich auf das, was Du fühlst.

Im Sommer empfehle ich Dir dringend, diese Übung barfuß durchzuführen, weil Du so jeden Schritt deutlich intensiver wahrnehmen kannst. Hierzu eignet sich besonders eine Wiese oder ein Waldstück. Natürlich kannst Du dies wie ich selbst auch im Winter tun, nur solltest Du dabei stets die Witterungsbedingungen beachten. Steigere Dich, wie in der Grundsatzmeditation auch, Stück für Stück in Deiner Geschwindigkeit und der Dauer Deiner Meditation. Fange mit wenigen Minuten der Übung an und steigere Dich langsam. Wichtig ist hierbei, dass Du die Übung beendest, sobald Du merkst, dass Du

Deinen Fokus nicht mehr auf die Übung zurückführen kannst. Bezüglich der Atmung solltest Du nur eines beachten: Sie sollte Dich entspannen und gleichmäßig und ruhig sein. Mehr Vorgaben will ich Dir diesbezüglich nicht machen, denn jeder Mensch atmet anders, um sich selbst zu entspannen. Ich persönlich atme über 3-4 Schritte ein und daraufhin wieder über 3-4 Schritte aus. Probiere einmal verschiedene Atemtechniken aus, um die für Dich richtige Technik herauszufinden. Atme mal durch den Mund, mal durch die Nase aus. Nimm mal kürzere und mal längere Atemzüge.

Und jetzt zu meinem Geheimtipp: Zwar ist dies nicht unbedingt nötig, jedoch wird es Dir dabei helfen, während der Meditation mehr Glück und Zufriedenheit zu spüren und Dich auf Dauer zum Dranbleiben motivieren: Ein einfaches Lächeln! Deine Mundwinkel während dieser Übung nach oben zu ziehen, schüttet Botenstoffe aus, die Dich glücklich machen. Probiere es einfach bei Deiner ersten Übung aus. Ich verspreche Dir, dass Du Dich bereits nach einer Minute dauerhaften Lächelns deutlich besser fühlen wirst. So einfach - aber doch so effizient! Wenn es Dir schwerfallen sollte, denke einfach an einen glücklichen Tag in letzter Zeit oder einfach nur an ein freudiges Ereignis.

Übung 3: Die Vipassana – Meditation

Hast Du schon einmal von Vipassana gehört? Der Begriff Vipassana bezeichnet im Buddhismus die Fähigkeit der Einsicht. Das Leben ohne Verblendung so zu erkennen, wie es wirklich ist. Dies mag sich für Dich vielleicht etwas abstrakt oder spirituell anhören, ich erkläre Dir aber sogleich, wie Du es anwenden kannst.

Zunächst möchte ich Dir jedoch noch einen Geheimtipp mit auf Deinen Weg geben: Wenn Du es wirklich ernst mit der Meditation meinst, solltest Du einmal nach „Vipassana Silence Retreat“ googeln. Dies sind Zentren an fast allen erdenklichen Orten der Welt, die sich der Meditation verschrieben haben und bei denen Du gratis für einige Tage zum Meditationsunterricht unterkommen kannst. Alle relevanten Infos hierzu findest Du auf einschlägigen Seiten. Ich selbst habe schon 2 Mal ein solches „Retreat" mitgemacht, einmal in Guatemala und einmal in Deutschland, weshalb ich Dir diese Option dringend ans Herz lege. Zwei Dinge solltest Du dabei jedoch beachten: Die Retreats sind sehr beliebt und teilweise schon lange im Voraus ausgebucht, weshalb Du schnell handeln solltest. Und zum anderen, dass Du jeden Tag viele Stunden meditieren wirst und keinen sprachlichen Kontakt zu Deinen Mitmenschen haben wirst, bis zum Ende des Trainings. Doch nun zur Vipassana-Meditation (die Du im Retreat übrigens in aller Genauigkeit erlernen kannst): Wie bei den vorherigen Übungen solltest Du jegliche Ablenkungen, wie beispielsweise Dein Handy, ausschalten und Dich in einen ruhigen Raum Deiner Wahl zurückziehen. Setze Dich wiederum erhöht auf Dein Kissen oder das

Handtuch, atme einige Male tief ein und aus und schließe dann Deine Augen. Fokussiere Dich daraufhin ganz auf Deinen Atem. Spüre, wie er langsam Deine Brust hebt und Deine Lungen füllt. Fühle, wie der Atem daraufhin Deinen Brustkorb beim Verlassen Deiner Lungen wieder langsam senkt. Erweitere Deine Vorstellung beim nächsten Mal einatmen und stelle Dir vor, wie Du mit jedem Atemzug Deinen gesamten Körper mit Sauerstoff versorgst. Von Deinen Finger- bis zu Deinen Zehenspitzen.

Wie oben bei der ersten Meditation beschrieben (die sich zum Teil an die Vipassana-Meditation anlehnt), dient dieser Fokus dazu, Dich von lästigen Gedanken ganz automatisch zu befreien. Sobald Du merkst, dass Dein Geist sich deutlich beruhigt hat und immer weniger Gedanken auftauchen, kannst Du Dich im Anschluss auf bestimmte Einzelempfindungen konzentrieren. Strecke dazu zunächst einen Zeigefinger aus und lege Deine Hand auf Deinem Knie ab. Fokussiere Dich ganz und gar auf die

Empfindung im jeweiligen Körperteil. Spüre, wie das Blut Deinen Finger durchströmt für circa 20 Sekunden. Gehe dann gedanklich zum nächsten Körperteil (am besten Deine Zehen) über und arbeite Dich über Deine Waden, Deinen Bauch bis hin zu Deinem Kopf mit der Achtsamkeit durch Deinen gesamten Körper nach oben. Dies sollte circa 5-10 Minuten dauern, je nachdem, wie lange Du Dich dabei wohlfühlst. Probiere danach, einen Energiestrom in Wellen von unten nach oben durch Deinen Körper fließen zu lassen. Konzentriere Dich auf die Vorstellung, dass eine Wärmewelle von unten nach oben durch Deinen Körper läuft. Dies hört sich vielleicht noch sehr abstrakt für Dich an, Du wirst es jedoch sehr gut nachvollziehen, sobald Du die Übung zum ersten Mal ausprobierst. Schließe die Meditation daraufhin mit einem tiefen Atemzug ab. Öffne langsam Deine Augen und sieh Dich in Deiner näheren Umgebung um. Wie fühlst Du Dich? Hat sich etwas verändert? Stehe langsam auf und beende die Übung. Wenn Du diese Meditation häufig ausführst, wird sich Dein Fokus durch die Konzentration auf einzelne Körperteile deutlich steigern. Durch neuronale Verknüpfungen, die durch diese Übung in Deinem Gehirn geknüpft werden, wirst Du eine Steigerung Deiner Kreativität und Deines Glücksempfindens erfahren. Und zu guter letzt: Diese Übung trägt maßgeblich zur Stressreduktion bei!

Übung 4: Die Lichtkugel-Meditation

Mein Geheimtipp: Mit dieser kurzen, aber umso effizienteren Meditation kannst Du emotionale Blockaden lösen und besser mit negativen Ereignissen Deines Lebens umgehen. Was vielleicht jetzt noch etwas weit hergeholt für Dich klingen mag, wirst Du selbst erfahren, wenn Du diese Meditation selbst ein paar Mal ausprobierst. Suche Dir ein ruhiges und gemütliches Plätzchen und lege Dich entspannt mit einer Stütze unter dem Kopf auf den Fußboden. Ideal eignen sich hier beispielsweise ein Teppich oder ein weicher Untergrund. Nimm wiederum einen tiefen Atemzug und schließe daraufhin Deine Augen. Stell Dir nun vor, wie eine warme Lichtkugel nur wenige Zentimeter über Dir schwebt. Atme dabei ganz ruhig weiter. Konzentriere Dich so lange auf die Lichtkugel, bis diese Vorstellung vor Deinem geistigen Auge Gestalt angenommen hat. Sobald Du die Kugel ganz klar und deutlich erkennst, konzentrierst Du Dich darauf, wie das Licht langsam in Deinen Bauch strömt. Von dort an breitet sich die warme Lichtkugel immer weiter durch Deinen gesamten Körper aus und strömt in jedes einzelne Deiner Glieder – von Deinen Zehen bis hin zu Deinen Fingerspitzen.

Fahre mit dieser Vorstellung solange fort, wie sie Dir ein gutes Gefühl bereitet. Es kann möglicherweise etwas dauern, bis Du diese Meditation gut beherrschst. Dies hängt maßgeblich von Deiner Vorstellungskraft ab. Allerdings kann ich Dich beruhigen, denn mit schon ein paar kleinen Übungen wird die

Lichtkugel vor Deinem geistigen Auge eine immer deutlichere Gestalt annehmen. Ich wende diese Meditation immer an, wenn ich mich traurig, niedergeschlagen oder kraftlos fühle und kann Dir daher aus eigener Erfahrung sagen, dass sie wie eine Art Pflaster für die Seele wirkt!

Übung 5: Die Mantra-Meditation

Erinnerst Du Dich noch an die Vorstellung des Meditierenden aus dem ersten Kapitel, der ständig „Ommmm" vor sich her sagt? Dies ist nichts anderes als ein Mantra. „Om" bezeichnet nämlich im Buddhismus und auch bei den Hindus eine Silbe, die als heilig gilt. Das Aufsagen dieser Silbe ähnelt dabei dem, was wir in der westlichen Welt als Gebet kennen. Interessant an der Silbe ist, dass sie Deinen gesamten Nasen- und Rachenraum zum Vibrieren bringt – Stimmt´s?

Doch was bringen Dir solche Mantras eigentlich? Mantras sind eine Art Affirmation, also Wörter oder Sätze, die Du Dir immer wieder innerlich vorsagst und die so einen positiven Einfluss auf Dein Unterbewusstsein haben können. Hierzu eignet sich fast jeder kurze und prägnante Satz, den Du Dir fest einprägen willst und Dein Unterbewusstsein mit ihm positiv beeinflussen. Durch das Mantra hilfst Du Deinem Geist gleichzeitig dabei, sich auf eine einzige Sache (in diesem Fall wenige Wörter) zu konzentrieren. Du kannst verschiedene Mantras nutzen, um bestimmte Effekte zu erzeugen (beispielsweise innere Stärke, Stressreduktion, Blockaden zu lösen oder Seelenfrieden zu finden). Ich habe Dir meine 5 Lieblingsmantras zusammengestellt:

1. **Ich ändere meine Gedanken, ich ändere meine Welt**

Dieses Mantra hilft Dir immens dabei, Kontrolle über Deine Gedanken zu übernehmen. Denke immer daran: Durch Deine Gedanken erschaffst Du Deine Welt!

2. Ich liebe Dich

Wenn Du dieses Mantra während der Meditation regelmäßig zu Dir selbst sagst, wird dies Deine Fähigkeit zur Selbstliebe immens in die Höhe treiben.

3. Jeden Tag werde ich besser – in jedem Aspekt meines Lebens

Dieses tolle Zitat von Laura Silva ist ziemlich selbsterklärend. Du kannst es wunderbar als Mantra nutzen, um Deinem Selbstbewusstsein einen Schub zu verpassen

4. Ich bin, dass ich bin

Dieses Zitat, welches Gott an Mose richtete, als er ihn fragte, wer er ist, beschreibt die Meditation in ihrem Kern und eignet sich dementsprechend wunderbar, um eins mit Deiner Umgebung und mit Deinem tiefsten Wesenskern zu werden!

5. Ich bin die Veränderung, die ich selbst in der Welt sehen möchte

Gandhi sprach einst diese Worte. Ich habe sie seit längerem zum festen Bestandteil meiner Meditationseinheiten gemacht und muss sagen, dass sie wirklich wahre Wunder bewirkt. Immer, wenn ich zweifle, nutze ich dieses Mantra, welches mir stets auf den richtigen Weg hilft und mich erdet. Diese Mantras solltest Du zumindest alle einmal ausprobieren. Du kannst sie ganz einfach in die Meditation aus Kapitel 2 nach der Atmungsübung einbauen und dann mehrere Male vor Dich hinsagen. Eine konkrete Anzahl nenne ich Dir bewusst nicht, da dies keine Aufgabe zum Abhaken ist, sondern etwas, was Dir ein gutes Gefühl gibt. Fahre dementsprechend einfach so lange mit der Übung fort, wie Du Dich in ihr wohlfühlst. Die Übung beendest Du daraufhin wieder mit einem tiefen Atemzug und einer Analyse Deiner Gefühle.

Übung 6: Die Koppel - Meditation

Diese Übung ist sehr gut dafür geeignet, um zwischendurch schnell abschalten und Stress loslassen zu können. Besonders dann, wenn Du das Gefühl hast, dass Dir vor lauter Stress der Himmel auf den Kopf zu fallen droht! Dunkle den Raum, in welchem Du Dich befindest so gut wie möglich ab, um nicht vom Tageslicht gestört zu werden. Setze Dich nun aufrecht, aber entspannt hin. Atme einige Male tief und entspannt ein und aus und stelle Dir nun vor Deinem geistigen Auge vor, wie Du Dich auf einer satten grünen Weide befindest, die sich soweit Dein Auge reicht erstreckt. Langsam läufst Du dem Horizont entgegen, bis Du in der Ferne ein weißes Ross entdeckst. Das Pferd bemerkt Dich und kommt Dir immer näher, bis es Dich ganz leicht und sanft mit seinen Nüstern berührt. Du merkst, wie Dein Atem sich langsam mit dem des Pferdes synchronisiert, während ihr euch tief in die Augen seht. Du fährst nun langsam mit Deiner Hand über seine wallende Mähne und springst beherzt auf seinen Rücken.

Das Pferd beginnt leicht zu traben und wird immer schneller, bis es in einen schnellen und gleichmäßigen Galopp verfällt. Du spürst die Luft an Dir vorbeirauschen und versinkst samt Pferd in dichtem, weißen Nebel. Der Galopp wird immer schneller, bis Du eins mit dem Pferd wirst und nun die Arme ausbreitest und von ganz alleine durch die Luft in Richtung der Sonne fliegst. Sobald Du das Gefühl hast, mit der Übung fertig zu sein, stellst Du Dir vor, wie Du der Erde immer näher kommst und langsam und sanft landest. Atme nun noch einmal tief ein und aus und öffne nun Deine Augen. Diese kurze Übung wird Dich schnell von Stress befreien. Ich empfehle Dir, sie als Notfalls-Meditation stets bereit zu halten. Jedoch solltest Du sie zumindest 1-2 Mal vorher durchgeführt haben, sodass Du bereits an die Übung gewohnt bist, sobald Du sie brauchst.

Übung 7: Die Tratak-Meditation

Zum Schluss habe ich Dir noch meine Lieblingsmeditation zum Erreichen einer laserscharfen Konzentration. Setze Dich wie immer ruhig und entspannt hin und atme tief ein und aus. Konzentriere Dich daraufhin auf ein kleines Objekt in Deiner direkten Umgebung. Blicke auf den Gegenstand solange, wie Du es schaffst, nicht zu blinzeln. Schließe daraufhin Deine Augen und rufe Dir den Gegenstand in seiner konkreten Form genau vor Augen. Wie sah er aus? Welche Form hatte er? Und welche Farbe? Stell Dir den Gegenstand so lange vor, bis er vor Deinem geistigen Auge verblasst. Öffne daraufhin Deine Augen und wiederhole die Übung so häufig, wie Du Dich bei ihr wohlfühlst.

Das ist sie auch schon, die gesamte Übung! Sehr einfach, aber doch sehr wirkungsvoll. Vor allem dann, wenn Du bisher noch nicht so lange konzentrieren konntest!

Mit diesen 7 Übungen bist Du nun für jede Situation gefeiht. Ich habe Dir bewusst verschiedene Meditationen (in Wirkung und Dauer) zusammengestellt, sodass Du jedes Mal darauf zurückgreifen kannst, wenn Du gerade eine passende Meditation benötigst. Unter uns: es kann sein, dass Dir eine der Übungen überhaupt nicht zusagt und eine andere wiederum sehr gut gefällt. Das ist auch vollkommen in Ordnung so – wichtig ist nur, dass Du alle einmal ausprobierst und so die für Dich passende Methode herausarbeitest. Sei also nicht voreingenommen, falls Dir beim Durchlesen eine bestimmte Übung nicht zugesagt hat, sondern probiere sie alle der Reihe nach aus. Denn eines können sie alle: Dir einen immensen Qualitätsschub für Dein Leben verpassen!

Kapitel 5: Wie Du durch Achtsamkeit im Alltag zu Deiner inneren Mitte findest

Nachdem Du jetzt schon zahlreiche Übungen an der Hand hast, mit denen Du in den verschiedensten Arten und Weisen meditieren kannst, werden wir in diesem letzten Kapitel gemeinsam einen Schritt weitergehen. Ich habe Dir ja bereits zu Beginn erklärt, dass die Meditation ein hervorragendes Werkzeug darstellt, um das Erleben auf den gegenwärtigen Moment zu richten. Und daran halte ich auch weiterhin fest.

Jedoch muss ich ehrlich zu Dir sein: Ein Mal am Tag zu meditieren reicht leider nicht aus. Stell Dir einfach vor, Du hättest eine extreme Sehschwäche mit etwa 7 Dioptrien und würdest nur ein Mal am Tag für zehn Minuten eine Brille nutzen können. Würde Dir das ausreichen? Wohl kaum! Du würdest die ganze Zeit scharf sehen wollen. Ähnlich verhält es sich mit der Meditation: Wenn Du nur zehn Minuten am Tag meditierst, wirst Du auch nur für zehn Minuten Deinen Fokus auf die Gegenwart richten können und die störenden Gedanken in Deinem Kopf verstummen lassen. Eine unbefriedigende Vorstellung bei all der Arbeit, oder?

Allerdings wirst Du Dich bestimmt auch noch daran erinnern, dass ich Dir zu Beginn bereits sagte, dass die Meditation ein gutes Werkzeug ist, um in der restlichen Zeit besser den gegenwärtigen Moment wahrzunehmen. Und wie Du dies tust, darum soll es in diesem Kapitel gehen. Ich werde Dir im Kommenden einige hilfreiche Tipps an die Hand geben, mit denen Du bewusste Achtsamkeit im Alltag zu schulen und somit deutlich häufiger meditieren zu können. Zunächst musst Du hierzu wissen, dass der Mensch nur eine bestimmte Anzahl bewusster Reize in der Sekunde wahrnehmen kann. Und zwar circa 40. Interessant ist jedoch, dass deutlich mehr Reize in der Sekunde auf uns einprasseln, um genau zu sein nämlich im Durchschnitt über elf Millionen! Dein Unterbewusstsein ist dementsprechend darauf gepolt, alles für Dich Irrelevante auszublenden, um Deinen Kopf nicht zu überlasten und Dich das Wichtige wahrnehmen zu können. So weit, so gut.

Jedoch hat diese Sache auch einen Haken: Bereits Bekanntes nimmt Dein Geist nicht mehr wahr und blendet es einfach aus. Stattdessen werden die Gedanken im Kopf immer und immer lauter. Nimm beispielsweise Deinen täglichen Weg zu Arbeit/Studium oder zum Einkaufen. Was genau hast Du heute wahrgenommen? Hast Du Dir die Straßenschilder genau angesehen? Oder etwa die Häuserfassaden? Wohl kaum. Stattdessen waren Deine Gedanken bereits bei der Arbeit, bei persönlichen Anliegen oder schon beim anstehenden Mittagessen. Um jedoch dauerhaft meditieren zu können, musst Du diesen Blick wieder deutlich ändern. Zunächst empfehle ich Dir, die Kopfhörer beim nächsten Weg zuhause zu lassen und Dich stattdessen darauf zu fokussieren, eine EINZIGE neue Sache zu entdecken. Was diese Sache ist, ist ganz egal. So könntest Du zum Beispiel ein neues Schild, Plakat, Graffiti oder eine neu gestrichene Wand wahrnehmen. Bereits diese kleine Übung wird dazu führen, dass Du auf dem gesamten Weg deutlich achtsamer sein wirst.

Darüber hinaus solltest Du Dich so häufig wie möglich auf eine bestimmte Sache fokussieren. Wann immer ich beispielsweise warten muss, richte ich den Blick auf den Himmel und konzentriere mich für einige Minuten darauf, die Wolkenformationen beim Vorbeiziehen zu betrachten. (Übrigens eine tolle Verknüpfung zu unserem wolkenlosen „Gedankenhimmel", Du erinnerst Dich?) Schreibe Dir einen kleinen Zettel, den Du in Deinem Portemonnaie einklebst, und auf den Du in Großbuchstaben ACHTSAMKEIT schreibst. Dieser wird Dich bei jedem Blick hinein daran erinnern, Deine

Gedanken für einen kurzen Augenblick ad acta zu legen. Zusätzlich solltest Du Dich darauf konzentrieren, stets nur eine Aufgabe alleine zu machen. Wenn Du Dich in einem Gespräch mit einer anderen Person befindest, höre ihr oder ihm aufmerksam zu, ohne parallel noch mit 3 weiteren Freunden zu chatten. Wenn Du zu Mittag isst, checke nicht Dein Handy oder lies ein Buch. Konzentriere Dich stattdessen nur auf das Essen. Schmecke jeden Bissen und zerkaue ihn gründlich, anstatt ihn hastig herunterzuschlucken. Wenn Du arbeitest, fokussiere Dich lediglich auf Deine jeweilige Aufgabe. Nimm die Dinge dabei aktiv wahr, die Du gerade tust und mache nichts nebenbei. Selbst, wenn Du Bahn fährst, solltest Du Dir die Menschen oder Deine Umgebung einmal genau ansehen und nicht in nervenden Gedanken versinken.

Mache Achtsamkeit im Alltag von nun an zur Gewohnheit und übe sie so häufig wie möglich aus. Ich empfehle Dir, ein kleines Büchlein bei

Dir zu führen, indem Du für jede achtsame Situation einen Strich machst. Dies geht sehr schnell und kostet keine Überwindung. So kannst Du jeden Abend rekapitulieren, wie gut Dein Training an diesem Tag verlaufen ist und wirst Dich nur noch mehr anstrengen, um am folgenden Tag mit noch mehr Elan durchzustarten. Diese kleinen Übungen, auch liebevoll „Mini-Meditationen“ von mir genannt, dienen alle einem höheren Ziel: Dein Unterbewusstsein nachhaltig so zu programmieren, dass Du in einen ständigen Zustand der Präsenz/Meditation kommst, deutlich weniger nachdenkst und stattdessen mehr bist! Durch dieses regelmäßig ausgeführte Training, wirst Du Deinen „Meditationsmuskel“ in kurzer Zeit deutlich steigern können. Der versteckte Vorteil hierbei ist, dass sich die Achtsamkeit im Alltag beim täglichen Einüben der Meditation bemerkbar macht und umgekehrt. Eine Win - Win - Situation also! Probiere deshalb schon morgen Deine ersten Schritte in einer bewussten und achtsamen Welt aus!

Abschließende Worte: „Meditation ist wie atmen“

Nun hast Du es bis ans Ende dieses Buches geschafft, liebe/r Leser/in. Du kannst stolz auf Dich sein! Im Optimalfall hast Du nun bereits alle Übungen dieses Buchs schon einmal ausprobiert. Falls nicht, ist dies keineswegs schlimm – jedoch empfehle ich Dir dann dringend, noch einmal an die entsprechenden Stellen zurückzukehren! Selbstverständlich wirst Du an dieser Stelle noch keine Wunder erwarten können, aber das ist auch vollkommen in Ordnung. Denke stets daran: Meditation ist eine neue Fähigkeit, die Du über lange Zeit hinweg einüben solltest um so von all ihren Vorteilen profitieren zu können. Wenn Du Dich also schon deutlich entspannter fühlst nach jeder Übung, hast Du bereits einen großen Schritt getan und befindest Dich auf dem richtigen Weg!

Und ehe Du Dich versiehst, wirst Du bereits ein wahrer Profi im Meditieren sein! Bereits nach kurzer Zeit wirst Du die immensen Vorteile am eigenen Leib erfahren können und Dich durch nichts mehr aus der Bahn werfen lassen. Falls Du an dieser Stelle noch zweifeln solltest, ob Du die Meditation tatsächlich als tägliche Gewohnheit aufrecht erhalten kannst oder Dich bereits jetzt die Lust verlassen hat, empfehle ich Dir, noch einmal zum ersten Kapitel zurückzukehren und Dir die immensen Vorteile vor Augen zu halten. Wenn Dich also einmal die Motivation verlassen sollte, kannst Du Dir so immer einen neuen Energiekick verschaffen und mit neuer Kraft durchstarten! Doch wie soll es nach all diesen Übungen und Tipps und Tricks eigentlich weitergehen? Dieses Buch ist nun zwar am Ende angelangt, allerdings heißt das keineswegs, dass Deine Reise in die Welt der Meditation auch an dieser Stelle enden sollte! Wenn Du es nämlich wirklich ernst meinst mit dem regelmäßigen Meditieren und noch einen Schritt weitergehen willst, empfehle ich Dir dringend, einen Blick auf den Videomitschnitt des 4. Kongress von „Meditation und Wirklichkeit“ zu werfen. Den Kurs findest Du bei www.digistore.de .Dieses tolle Seminar zeigt Dir Schritt für Schritt auf, wie Du tief und sicher im Meditieren fortschreitest und so noch bessere Ergebnisse erzielst. Ich selbst habe am Kongress in Berlin live teilgenommen und kann Dir daher garantieren, dass er sein Geld mehr als Wert ist. Wage also zumindest einen unverbindlichen Blick hinein! Zum Abschluss bleibt mir nichts anderes übrig, als Dir für die Zukunft viel Spaß und Freude beim Meditieren zu wünschen. Sei Dir sicher, dass Du schon bald von all den tollen Vorteilen profitieren wirst. Alles, was Du dafür tun musst, ist lediglich den ersten Schritt zu gehen.

Auf diesem Weg wünsche ich Dir alles Glück der Welt,

Dein Karsten Finder

Haftungsausschluss:

Der Inhalt dieses eBooks wurde mit großer Sorgfalt geprüft und erstellt. Für die Vollständigkeit, Richtigkeit und Aktualität der Inhalte kann jedoch keine Garantie oder Gewähr übernommen werden. Der Inhalt dieses eBooks repräsentieren die persönliche Erfahrung und Meinung des Autors und dient nur dem Unterhaltungszweck. Der Inhalt sollte nicht mit medizinischer Hilfe verwechselt werden. Es wird keine juristische Verantwortung oder Haftung für Schäden übernommen, die durch kontraproduktive Ausübung oder durch Fehler des Lesers entstehen. Es kann auch keine Garantie für Erfolg übernommen werden. Der Autor übernimmt daher keine Verantwortung für das Nicht-Erreichen der im Buch beschriebenen Ziele. Dieses eBook enthält Links zu anderen Webseiten. Auf den Inhalt dieser Webseiten haben wir keinen Einfluss. Deshalb kann auf diesen Inhalt auch keine Gewähr übernommen werden. Die verlinkten Seiten wurden zum Zeitpunkt der Verlinkung auf mögliche Rechtsverstöße überprüft. Für die Inhalte der verlinkten Seiten ist aber der jeweilige Anbieter oder Betreiber der Seiten verantwortlich. Rechtswidrige Inhalte konnten zum Zeitpunkt der Verlinkung nicht festgestellt werden.

Impressum:

Karsten Finder

Meditation: Die besten Meditationstechniken, mit denen Du Deine innere Mitte findest

c/o Ucount Media UG (haftungsbeschränkt)

Geschäftsführer: Johannes Bruns, Benjamin Melzer und Branko Dacevic

Sitz: Dachsweg 26, 50859 Köln

Erstauflage im Selbstverlag

Druck erfolgt per Amazon Europe (Amazon Media EU S.à r.l., 5 Rue Plaetis, L-2338, Luxembourg)